壁湍流相干结构及超疏水壁面减阻机理

田海平　著

黄河水利出版社
·郑州·

内 容 提 要

相干结构被公认为是壁湍流中最重要的结构,它对湍流的产生、维持、演化和发展起着重要的作用,具有重要的工程应用和学术研究价值。本书以壁湍流相干结构为主要研究内容,重点关注壁湍流相干结构的定量拓扑分析及超疏水壁面对壁湍流相干结构的调制作用,详细介绍了:①人工生成的三维发卡涡结构;②壁湍流边界层三维流场高低速条带的拓扑规律及流体动力学特性;③超疏水壁面对壁湍流相干结构的调制作用及其超疏水壁面湍流减阻机理等三个方面的实验研究工作。书中对发卡涡、高低速条带、喷射和扫掠事件的空间拓扑结构分布特征、发展演化规律及其内在的流体动力学机理进行了较为深入的分析。

本书图文并茂,叙述简练,数学表述较易,各章节内容鲜明又相互联系,可读性强,可以作为了解和探究壁湍流相干结构的入门读物或参考书。本书可供流体力学、湍流、湍流控制及工程应用、实验流体力学、航空航天,以及相关领域的理工科本科生、研究生和广大科技人员、高等院校的教师参考阅读。

图书在版编目(CIP)数据

壁湍流相干结构及超疏水壁面减阻机理/田海平著. —郑州:黄河水利出版社,2020.6
ISBN 978 – 7 – 5509 – 2685 – 1

Ⅰ.①壁…　Ⅱ.①田…　Ⅲ.①湍流 – 流体动力学 – 研究　Ⅳ.①O357.5

中国版本图书馆 CIP 数据核字(2020)第 091804 号

策划编辑:李洪良　电话:0371 – 66026352　E-mail:hongliang0013@163.com

出　版　社:黄河水利出版社
地址:河南省郑州市顺河路黄委会综合楼 14 层
发行单位:黄河水利出版社
网址:www.yrcp.com
邮政编码:450003
发行部电话:0371 – 66026940、66020550、66028024、66022620(传真)
E-mail:hhslcbs@ 126. com
承印单位:虎彩印艺股份有限公司
开本:787 mm × 1 092 mm　1/16
印张:7
字数:166 千字
印数:1—1 000
版次:2020 年 6 月第 1 版
印次:2020 年 6 月第 1 次印刷

定价:48.00 元

前　言

　　"湍流结构的生成演化及作用机理"已被列为国家的一项重大研究计划,其中涉及的一些关键科学问题能为航空、航天、航海等领域重大运载装备的研制及大气环境治理等重要工程领域提供科学理论与方法。因而,近年来在湍流结构领域涌现出众多成果。对湍流相干结构进行拓扑研究,并进行定量分析,是该领域的一项重要内容。本书内容即以此为着手点,着重关注壁湍流相干结构和从相干结构的角度探索超疏水壁面湍流减阻机理这两项内容。准流向涡、发卡涡、高低速条带、喷射和扫掠事件等都是壁湍流相干结构的重要形式,分析这些相干结构流体动力学行为及其内在联系,对人们深入地认识湍流、了解湍流减阻机理具有重要作用。本书详细论述了以下内容:

　　(1)鉴于发卡涡结构在近壁湍流中的重要作用,深入了解单个发卡涡的动力学行为及多个发卡涡的相互作用,对于理解湍流边界层中复杂的动力学行为具有重要意义。现阶段,发卡涡结构已为人们所熟知,数值模拟方法可以得到发卡涡结构、先进流动显示技术,也可观测到真实发卡涡结构,但通过实验手段定量地研究发卡涡结构在本领域仍鲜有报道。书中尝试通过合成射流装置在层流/湍流边界层中定量地测量发卡涡结构,并对其结构进行分析,以弥补相关领域实验验证的空白,并为多个发卡涡结构间相互作用的试验研究提供创新建议。

　　(2)发卡涡、高低速条带、喷射、扫掠等相干结构之间具有紧密的联系,同样高低速条带之间的生成演化也具有复杂的动力学关联。流向上高低速条带的间隔区域相干结构的组织结构就比较复杂,其相互影响的机理仍不清楚。利用 Tomo - PIV 测得的湍流边界层瞬时三维三分量速度矢量场数据库,对流向上高低速条带的间隔区域进行拓扑分析后,给出了高低速条带在流向上交替分布的内在机理。

　　(3)近些年超疏水壁面湍流减阻是一个研究热点。本书将从相干结构的角度介绍其减阻的动力学机理。通过对比实验,在流展向平面上识别、提取并分析了低速条带结构、反向旋转的法向涡结构,在流法向平面上则重点研究了展向涡结构的倾角、发卡涡涡包结构等。此外,还介绍了展向涡结构在流场中向下游迁移演化的研究工作。通过这些拓扑结构信息和展向涡向下游的迁移演化规律,试图重建发卡涡涡包模型来解释超疏水壁面减阻的内在机理。

　　本书共分为 7 章:第 1 章介绍壁湍流相干结构及涡旋辨识的基础知识;第 2 章介绍壁湍流减阻及超疏水壁面减阻的工作进展;第 3 章介绍实验研究中的主要设备与测量技术,特别是合成射流工作原理、超疏水壁面的层级结构,以及 2D - PIV,Stereo - PIV 和 Tomo - PIV 等 PIV 实验手段;第 4 章介绍了合成射流技术生成三维发卡结构的定量测量工作,在对三维发卡涡结构进行拓扑分析的基础上,总结了三维发卡涡的结构特征;第 5 章介绍了高低速条带结构流向间隔区域局部流场的拓扑研究工作,提出"三发卡涡局部动力学模型",用以解释条带结构在流向上间隔排列的内在机理;第 6 章基于湍流边界层流展向平面和流展向平面上的 TR – 2D – PIV 对比试验,介绍了一些较新的相干结构拓扑手段,给出了超疏水壁面上湍流相干结构的拓扑特征及展向涡头的发展演化规律,并基于发卡涡结构的基本特征,反向推演,提出了超疏水壁面上发卡涡及发卡涡涡包的发展演化模型,进一步地从相干结构的角度解释了超疏水壁面的湍流减阻机理;第 7 章对本书内容进行了梳理,探讨了研究方向。

本书所涉及的大部分学术成果是在天津大学流体力学实验室姜楠教授课题组完成的,在湍流相干结构定量测量及拓扑研究方面,得到了姜楠教授的悉心指点。在此,我向我的恩师姜楠教授表达最诚挚的感谢!本书第 3 章内容得到了英国曼彻斯特大学钟山教授及张山鹰博士的大力支持,在此也一并表示感谢!

感谢国家留学基金委员会、国家自然科学基金对本书出版给予的支持!

因作者水平有限,所呈现的成果,均系个人总结之观点,如有不妥之处,还请各位专家学者不吝赐教、交流指正!

作 者
2020 年 3 月

目　录

字母注释表

英文字母

x	流向坐标
y	法向坐标
z	展向坐标
X	目标流场流向点坐标
Y	目标流场法向点坐标
Z	目标流场展向点坐标
$\vec{i}$	流向的单位方向向量
$\vec{j}$	法向的单位方向向量
$\vec{k}$	展向的单位方向向量
Z	目标流场展向点坐标
u	流向速度(m/s)
v	法向速度(m/s)
w	展向速度(m/s)
u'	流向脉动速度(m/s)
v'	法向脉动速度(m/s)
w'	展向脉动速度(m/s)
U_∞	自由来流速度(m/s)
u_s	流向滑移速度(m/s)
v_s	法向滑移速度(m/s)
w_s	展向滑移速度(m/s)
L_s	滑移长度(m)
$\bar{u}$	平均速度(m/s)
u_c	流向迁移速度(m/s)
v_c	法向迁移速度(m/s)
$\vec{V}$	速度矢量
c_f	摩擦系数
u_τ	壁面摩擦速度(m/s)
Re	雷诺数
δ_u	局部平均流向速度应变(m/s)

δ_v	局部平均法向速度应变(m/s)
δ_w	局部平均展向速度应变(m/s)
f	频率(Hz)
Δx	流向间距/位移
Δy	法向间距/位移
T	合成射流运动周期
Δt	时间间隔(s)
Q2	第二象限事件
Q4	第四象限事件
Δz	射流出口展向间距
pixel	像素
voxel	三维像素/体像素

上标/下标

+	内尺度无量纲化
PH	亲水壁面
SH	超疏水壁面
x	流向
y	法向
z	展向

希腊字母

δ	边界层名义厚度(m)
θ	动量损失厚度(m)
δ_v	黏性内尺度单位
ω	涡量(s^{-1})
ν	运动黏性系数(m^2/s)
ρ	流体密度(kg/m^3)
λ_{ci}	涡旋强度
τ_w	壁面摩擦切应力(N)
∂	导数

κ	卡门常数
θ_c	接触角
α	接触角滞后
θ_A	前进接触角
θ_R	后退接触角
Δ	振幅(m)

英文缩写

SH	superhydrophobic
PH	hydropholic
PIV	particle image velocimetry
TR – PIV	time-resolved particle image velocimetry
Stereo – PIV	stereoscopic particle image velocimetry
Tomo – PIV	tomographic particle image velocimetry
TBL	turbulent boundary layer
DNS	direct numerical simulation
HWA	hot-wire anemometry
LDV	laser Doppler velocimetry
DR	drag reduction rate
ART	algebraic reconstruction technology
MART	multiplicative algebraic reconstruction technique
2D – 3C	two-dimensional three – component
fps	frames per second
WU	wall unit
SEM	scanning electron microscope
DAQ	data acquisition
pix	pixel
CMOS	complimentary metal-oxide semiconductor

第 1 章　壁湍流相干结构及涡旋辨识

湍流是经典物理遗留未解的世纪难题。湍流广泛存在于陆、海、空、天、宇宙,涉及水利工程、船舶工业、海洋学、航空航天工业、气象学、生命科学、天体物理学等诸多领域,甚至在社会、金融领域都有湍流的身影。自 1883 年英国著名物理学家 Osborne Reynolds 先生正式提出湍流的科学概念以来,一大批世界顶尖的流体力学家、物理学家、应用数学家和工程师们为探索湍流付出了巨大的努力,也取得了丰硕成果。深入探究湍流的基本原理和流动规律,对解决众多工程技术难题,促进科学技术进步都具有重大且实际的意义。

1.1　壁湍流研究进展

壁湍流作为典型的湍流形态,是指流体流过固体壁面形成的剪切湍流。壁湍流一直是湍流研究领域的热点问题,它不仅具有多尺度、准周期、时空自组织的特性,往往还伴随着湍流的产生、动量输运、能量耗散等重要过程。同时,在流体管道输运以及流体推进机械(船舶、潜艇、飞机等)中,主要能量损失就来源于克服壁湍流阻力。近年来,湍流超大尺度结构的发现及其在壁湍流中的重要性引起的争议,更加激发了科研工作者们的研究热情。开展壁湍流减阻研究不仅具有重要而广泛的工程应用基础,也具有极其重要的理论和学术研究价值。同时,探究壁湍流减阻也离不开研究湍流本身。

1.1.1　壁湍流边界层分层模型

边界层理论是研究众多流体力学问题的基础。边界层的概念最先是由“现代流体力学之父”普朗特(Ludwig Prandtl)提出的,是指黏性流体流过固体壁面时,黏性力不可忽视的流动薄层。目前,从流体黏性是否起主要作用的角度,标度壁湍流特征尺度时可分为内尺度和外尺度两大类。内尺度,也称为黏性尺度,是以壁面摩擦速度 $u_\tau = \sqrt{\tau_w/\rho}$(式中 τ_w 为壁面摩擦应力)作为特征速度,以运动黏度 ν 与壁面摩擦速度 u_τ 的比值 $\delta_v = \nu/u_\tau$ 作为特征长度的。例如,壁湍流内尺度无量纲的法向位置 $y^+ = y/\delta_v$ 和内尺度无量纲的流向平均速度 $u^+ = u/u_\tau$。图 1-1(a)即是由内尺度无量纲化后的湍流边界层平均速度剖面。而外尺度,通常以湍流边界层名义厚度 δ 作为特征长度。定义摩擦雷诺数 $Re_\tau = \delta/\delta_v = \delta u_\tau/\nu$,是外尺度特征长度与内尺度特征长度的比值;同样,壁湍流内尺度无量纲法向位置 $y^+ = y/\delta_v = y u_\tau/\nu$ 可看作距壁面 y 处的局部雷诺数,可以反映该法向位置惯性力和黏性力的相对强弱。

根据黏性力的强弱,可将边界层分为黏性壁区($y^+ \leqslant 50$)和外区($y^+ \geqslant 50$)。在黏性壁区,外部无黏流体对于边界层的影响可以忽略,黏性力对切应力的贡献起主要作用;在外区,外部流场对边界层的影响则不能忽视,黏性力可以忽略。根据经典壁湍流分层模

型[见图 1-1(b)],湍流边界层具体又分为:

(1)黏性底层($0 < y^+ \leqslant 5$),平均速度符合线性分布,并满足 $u^+ = y^+$;

(2)缓冲层($5 < y^+ \leqslant 30$),湍动能及其产生项都达到最大值,也是湍流中最为活跃的区域;

(3)对数律区($30 < y^+ \leqslant 0.15 Re_\tau$),雷诺应力起主要作用,平均速度符合对数律分布;

(4)尾迹区($y^+ > 0.15 Re_\tau$),平均速度用速度亏损律来刻画。另外,以外尺度来刻画边界层时, $y/\delta < 0.1$ 的区域也被称为内区。

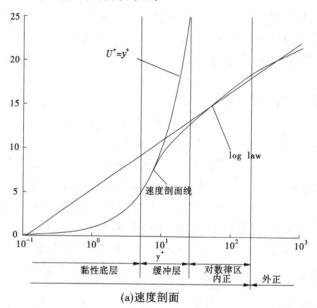

(a)速度剖面

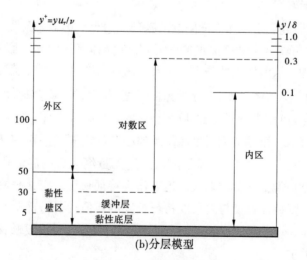

(b)分层模型

图 1-1 经典湍流边界层

1.1.2　壁湍流相干结构

在湍流研究初期,湍流被认为是一种完全随机紊乱的运动,只能通过统计的方法进行研究。然而,伴随着流动显示以及流体实验技术的发展,人们通过大量的湍流实验,还观测到湍流中存在大尺度的拟序运动。而这种拟序运动的强度、尺度和结构形态对一定类型的流动具有普遍性和可重复性,称之为相干结构(拟序结构,英文:cohernet structure)。至此,人们认识到随机性和结构性是湍流的两大特性,对于湍流研究出现了统计学派和结构学派共存的局面。现在,相干结构已经被公认为是湍流中最重要的结构,它对湍动能产生、雷诺应力乃至平均速度剖面的形状都有着重要影响,同时对湍流的产生、维持、演化和发展起着重要作用。因此,相干结构的发现被认为是 20 世纪湍流研究的重大进展之一。湍流相干结构的理论和实验研究,为认识湍流的本质开辟了新的途径。

尽管相干结构的观点是非常直观的,但是至今还未达成一个被公众所接受的精准定义。Robinson 定性地给出了相干结构的定义:流场中某一流动参量(速度、密度、温度等)与自身或其他流动参量在时间和空间上所呈现出来的相关性明显高于和当地流场最小尺度相关的那些三维区域。尽管这个定义不够缜密,但是足以帮助人们理解壁湍流中的各类相干结构。近些年,随着湍流直接数值模拟(direct numerical simulation, DNS)技术和图像粒子测速(particle image velocimetry, PIV)技术的迅猛发展,湍流研究迎来了新的发展机遇,丰富的流场信息使人们对湍流相干结构的运动学特征和动力学过程有了更全面更深刻的认识。

壁湍流相干结构可以被分为三大类别:

(1)条带(纹)结构(streaks)和(准)流向涡(quasi-streamwise vortices),这类结构位于湍流边界层的黏性底层和缓冲层内,与近壁自维持相关,其动力学过程与缓冲层内雷诺应力及湍动能产生项密切相关。

(2)发卡涡/发卡涡包(hairpin vortex/hairpin vortex packet),这类结构位于壁湍流对数律区与外区,并与大尺度运动(large scale motion, LSM)相关。

(3)超大尺度运动(very large scale motion, VLSM)或超结构(superstructure),一般产生在高雷诺数湍流边界层的对数律区。

前两类相干结构是当前研究的重点,简要介绍如下所述。

1.1.2.1　与近壁自维持相关的条带结构及(准)流向涡

1967 年,斯坦福大学的 Kline 等用氢气泡流动显示技术发现湍流边界层近壁区存在拟序运动,发现了高低速条纹结构和猝发现象。对湍流相干结构的深入探索也是以这个里程碑式的研究发现作为开篇的。图 1-2 是 Kline 等在湍流边界层进行氢气泡流动显示实验时发现的条纹结构。研究发现:在近壁区,高低速条纹结构大致沿着流动方向移动并被拉长,流向尺度可达 $1\,000\,\delta_v$ 的量级;在展向上交替排列呈现周期性变化,其展向间距也会随着距离壁面位置的增加而略有增长,为$(80\sim120)\delta_v$,且不随雷诺数发生变化。

流向涡结构存在于缓冲层及以上的近壁区域(一般 $y^+ < 60$),与近壁区域高低速条纹结构的形成密切相关。Jeong 等的研究表明其直径尺度大小为$(20\sim50)\delta_v$,但其流向尺度远小于与之相关的条带结构,约为$300\delta_v$。近年来,清华大学许春晓总结概括了流向涡

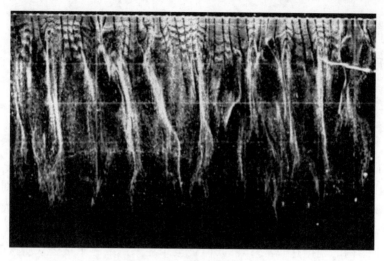

图 1-2 湍流边界层内氢气泡流动显示图像中的条纹结构

和条带结构在展向上的对应关系,见图 1-3。低速条带位于展向上两个反向旋转的流向涡之间,流向涡的两侧分别为高速流体和低速流体。在流向涡的上洗侧,低速流体(流向脉动速度 $u' < 0$)被带离壁面(法向脉动速度 $v' > 0$),称为喷射事件(ejection event),又因在象限分析中,该运动位于第二象限,故又称为 Q2 事件。相应地,在流向涡的下洗侧($u' > 0, v' < 0$),发生扫掠事件(Q4 事件,sweep event),并在壁面处产生高阻力区。喷射事件和扫掠事件统称为猝发事件(bursting event),也是近壁区雷诺切应力的主要来源。流向涡的条带生成机理也是壁湍流近壁自维持过程(见图 1-4)中非常重要的一环,这些研究工作加深了人们对近壁区流向涡结构、条纹结构以及猝发事件间动力学过程的认识。

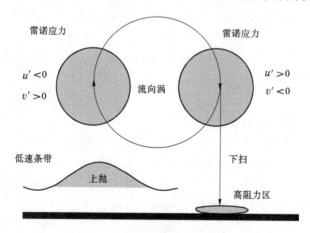

图 1-3 流向涡和条带结构位置关系

所谓的壁湍流近壁自维持过程,又称近壁循环,如图 1-4 所示,包括三个主要过程:由流向涡运动导致的条带结构生成过程;条带结构失稳破碎过程;流向涡再生过程。在低雷诺数下,近壁循环被广泛接受。结合流向涡条带生成机理,条带生成以后,在向下游运动抬升的过程中并不会持久,变得不稳定进而破碎成更多的结构,进入壁湍流自维持周期的下一阶段。雷诺应力剖面和湍动能的峰值出现在缓冲层的边缘,这些观测结果被认为与

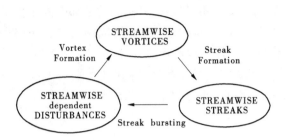

图 1-4　湍流边界层自维持过程

条纹结构的破碎有关。

1.1.2.2　发卡涡和发卡涡包

在缓冲层以上的低对数区（ $40 < y^+ < 100$ ），流向涡向外抬升形成发卡涡。它的尺度大小与湍流边界层名义厚度 δ 具有相当的量级。发卡涡的概念最早是由 Theodorsen 提出的，其最主要的特征是沿着流向拉伸的两个涡腿与抬起的沿着展向呈弓形的涡头相连，构成马蹄形状，因此又称为马蹄涡［见图 1-5（a）］。Robinson 对大量壁湍流 DNS 的结果进行总结，发现低雷诺数流场中存在马蹄涡，随着雷诺数升高，马蹄涡结构受到拉伸变得狭长，在高雷诺数下以发卡涡存在。因此，马蹄涡、Ω 型涡和发卡涡是同一结构在不同流场工况下的不同名称，并无本质差别。最终，Robinson 借助发卡涡模型阐述了准流向涡和发卡涡生成的物理过程［见图 1-5（b）］。尽管前人围绕发卡涡开展了大量的研究工作，但发卡涡是否存在及其存在条件依然存在较大的争议。随着湍流实验技术（尤其是 PIV 实验技术）的迅猛发展，在充分发展的壁湍流边界层中存在发卡涡这一思想已经被广泛接受。Adrain 等在发卡涡的研究上取得丰硕成果，发卡涡也被认为是影响湍流边界层动力学过程的重要因素。

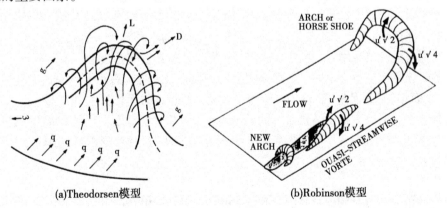

(a)Theodorsen模型　　　　　　　(b)Robinson模型

图 1-5　发卡涡模型

2007 年 Adrain 基于统计平均的涡结构对 Theodorsen 的发卡涡模型进行了改进，并给出了单个发卡涡模型的基本特征，如图 1-6 所示。展向涡头结构与两个反向旋转的准流向涡结构相连构成一个完整的发卡涡结构。因为是条件平均的结果，实际上具有完美对称性的发卡涡结构在真实湍流场并不多见，这主要是因为单个发卡涡并不会单独存在于湍流场内，它的产生、发展和演化过程，随时受到周围流场的影响而产生扭曲。在图 1-6

(a)中,在以展向涡头结构运动的相对参考系中,涡腿上部的流体呈现出 Q4 运动,发卡涡腿间流体发生 Q2 运动,并在作用区域的交界面形成倾斜的剪切层和流动驻点。两个涡腿之间的区域存在着由低速流体形成的低速条带结构。图 1-6(b)是单发卡涡典型结构的流向法向截面:涡头存在展向涡量富集区、存在几乎垂直于包含涡头和涡颈的平面的 Q2 运动、存在 Q2/Q4 运动驻点、近壁区存在低速条带,并称为发卡涡结构的四个典型特征。

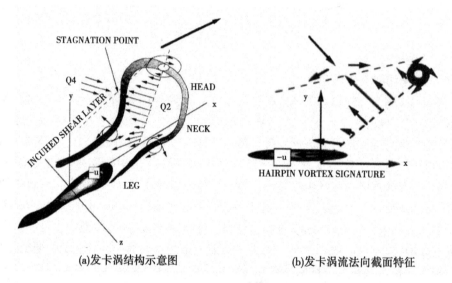

(a)发卡涡结构示意图   (b)发卡涡流法向截面特征

图 1-6 发卡涡模型的基本特征

而单个发卡涡一般不会在壁湍流中单独存在,而是由多个发卡涡沿流向间隔排列形成发卡涡涡包存在于壁湍流对数律区及尾迹区,并作为一个整体以相近的速度向下游迁移。发卡涡包的两个标志性特征是:发卡涡涡包内的多个发卡涡联合诱导出流向大尺度的低速流体区域;涡头连线与近壁面构成 10°～20° 的夹角。此外,壁湍流是由不同尺度涡包结构组成的层级结构(见图 1-7),发卡涡涡包随其发展程度、距离壁面远近的不同,向下游的迁移速度也会不同。一般来讲,靠近壁面"大而老"的发卡涡涡包的迁移速度略大于"小而年轻"的涡包;不同法向位置上,越远离壁面的涡包迁移速度较快。发卡涡涡包研究已成为壁湍流相干结构研究的前沿方向,学者们也对发卡涡涡包的形成机理进行了研究,提出了"母涡－子涡"机理和流动不稳定机理,并对弓形涡头的形成进行了积极探索。

1.2 湍流边界层中涡旋结构及其识别方法

德国著名空气动力学家 Küchemann 曾指出:涡旋是流体运动的肌腱,在湍流运动中扮演重要角色。在湍流研究领域,由于涡旋运动的复杂特性,时至今日仍无法给涡旋一个简单明确的定义。Kline 和 Robinson 提出了一种唯象的定义并被广泛接受:涡旋存在于涡量集中的区域,并且在以涡核为运动参照中心的情况下,瞬时流线应当对涡核形成近似圆形的包络并与涡核的平面投影垂直。

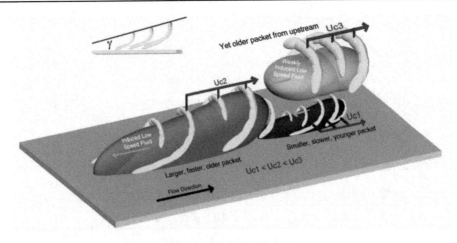

图 1-7　发卡涡涡包结构

而对于涡核而言,应满足两个要求:其一,涡核所在区域应具有净涡量,即涡核所在区域有净旋转;其二,涡核的几何形状应该是伽利略不变量,即对涡核的判定不会因坐标系的不同而产生变化。基于涡旋结构在流体中的重要作用,如何准确地辨识涡旋结构,是流体力学研究中非常重要的问题。除涡量准则外,目前涡旋识别方法大多通过分析局部流场速度梯度张量来实现,包括 Q 准则、Δ 准则、λ_2 准则以及 λ_{ci} 准则,这些判据之间具有关联性,在某些情况下又是等价的。下面根据研究需要简要介绍三种涡旋识别准则。

1.2.1　涡量准则

涡量准则是一种传统的涡旋识别准则,多用于判别涡核区域。涡量,即流场中速度矢量的旋度,可用来量度涡旋运动的强度和方向:

$$\vec{\omega} = \text{rot}(\vec{U}) = \text{curl}(\vec{U}) = \nabla \times \vec{V} \tag{1-1}$$

在三维流场中有:

$$\vec{\omega} = \left(\frac{\partial w}{\partial y} - \frac{\partial v}{\partial z}\right)\vec{i} + \left(\frac{\partial u}{\partial z} - \frac{\partial w}{\partial x}\right)\vec{j} + \left(\frac{\partial v}{\partial x} - \frac{\partial u}{\partial y}\right)\vec{k} \tag{1-2}$$

而在二维平面流场中(以 $x - y$ 平面为例),因缺少 z 方向的分量,故对应有:

$$\omega_z = \frac{\partial v}{\partial x} - \frac{\partial u}{\partial y} \tag{1-3}$$

理论上,某一流场区域中只要 $\vec{\omega} \neq 0$,就说明该流场区域的流动是有旋的,否则就是无旋的。而在实际应用涡量准则识别涡旋时,需要设定适当阈值,以表示某一区域的流场运动旋转占据了主导地位。然而,尽管在多数情况下,涡量准则可以较好地识别涡旋区域,但在强剪切的流场区域却会失效。例如,在平板边界层中,流体质点无旋,但受剪切的影响,壁面附近仍存在很强的涡量,但这并非由流体的涡旋运动引起。虽然涡量准则存在主观和应用局限,但涡量的正负可判断涡旋运动方向,这恰是其他涡旋识别方法所局限的。因此,涡量准则在涡旋研究中并不过时。

1.2.2　λ_{ci} 准则

三维速度梯度张量 J 如下:

$$J = \nabla \vec{U} = \begin{pmatrix} \dfrac{\partial u}{\partial x} & \dfrac{\partial u}{\partial y} & \dfrac{\partial u}{\partial z} \\[2mm] \dfrac{\partial v}{\partial x} & \dfrac{\partial v}{\partial y} & \dfrac{\partial v}{\partial z} \\[2mm] \dfrac{\partial w}{\partial x} & \dfrac{\partial w}{\partial y} & \dfrac{\partial w}{\partial z} \end{pmatrix} \tag{1-4}$$

Zhou 等认为当速度梯度张量 J 存在一对共轭复特征值时,局部流场存在涡旋运动。在对流体质点的运动学分析中,质点的局部运动轨迹在由速度梯度张量的特征矢量($\vec{v}_r$,$\vec{v}_{cr}$, $\vec{v}_{ci}$)张成的曲线坐标系(y_1, y_2, y_3)下,瞬时流线可表示为:

$$\left. \begin{aligned} y_1(t) &= y_1(0)\,\mathrm{e}^{\lambda_r t} \\ y_2(t) &= \mathrm{e}^{\lambda_{cr} t}[y_2(0)\cos(\lambda_{ci}t) + y_3(0)\sin(\lambda_{ci}t)] \\ y_3(t) &= \mathrm{e}^{\lambda_{cr} t}[y_3(0)\cos(\lambda_{ci}t) - y_2(0)\sin(\lambda_{ci}t)] \end{aligned} \right\} \tag{1-5}$$

式中,(λ_r, $\vec{v}_r$)是速度梯度张量 J 的特征根和特征向量,($\lambda_{cr} \pm i\lambda_{ci}$, $\vec{v}_{cr} \pm i\vec{v}_{ci}$)为 J 的共轭复特征值和特征向量。流体质点的运动如图 1-8 所示,质点在 v_r 方向受拉伸或压缩作用,而在($\vec{v}_{cr}$, $\vec{v}_{ci}$)张成的投影平面上作周期性旋转运动。特别是共轭特征值的虚部 λ_{ci} 表征当地旋转快慢,$2\pi/\lambda_{ci}$ 表征完成一次旋转运动的周期,换言之,λ_{ci} 表征了涡旋运动的强弱,故又称涡旋强度准则。目前 λ_{ci} 准则作为一种有效的涡旋结构识别方法已经被广泛应用。

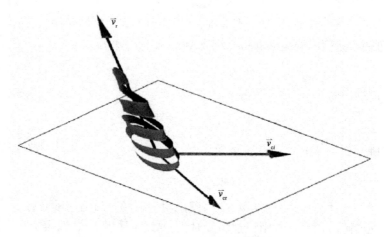

图 1-8　特征向量空间的局部流动

对于二维流场速度梯度张量,由于 z 方向数据缺失,将式(1-4)中与 z 相关的数据设定为 0,得到:

$$J = \nabla \vec{U} = \begin{pmatrix} \dfrac{\partial u}{\partial x} & \dfrac{\partial u}{\partial y} \\[2mm] \dfrac{\partial v}{\partial x} & \dfrac{\partial v}{\partial y} \end{pmatrix} \tag{1-6}$$

在平面流场中

$$\lambda_{ci}^2 = \frac{1}{4}\left(\frac{\partial u}{\partial x} - \frac{\partial v}{\partial y}\right)^2 + \frac{\partial v}{\partial x}\frac{\partial u}{\partial y} \tag{1-7}$$

即

$$\lambda_{ci}^2 = \frac{1}{4}\left(\frac{\partial u}{\partial x}\right)^2 + \frac{1}{4}\left(\frac{\partial v}{\partial y}\right)^2 - \frac{1}{2}\frac{\partial u}{\partial x}\frac{\partial v}{\partial y} + \frac{\partial v}{\partial x}\frac{\partial u}{\partial y} \tag{1-8}$$

需要注意的是：在涡旋识别过程中，λ_{ci} 应为负值，且其局部负的极小值可以用来识别涡核中心位置。当 λ_{ci} 为正时，意味着流场中存在剪切，并不是流场旋转区域。与涡量准则相对比，λ_{ci} 准则识别得到的涡结构并不能反映真实的旋转方向。

1.2.3　Q 准则

对于速度梯度的第二不变量：

$$Q = \left(\frac{\partial u}{\partial x}\frac{\partial v}{\partial y} - \frac{\partial v}{\partial x}\frac{\partial u}{\partial y}\right) + \left(\frac{\partial v}{\partial y}\frac{\partial w}{\partial z} - \frac{\partial w}{\partial y}\frac{\partial v}{\partial z}\right) + \left(\frac{\partial u}{\partial x}\frac{\partial w}{\partial z} - \frac{\partial w}{\partial x}\frac{\partial u}{\partial z}\right) \tag{1-9}$$

湍涡所在的区域，Q 值为正，且极大值点为涡核位置。对于 TR – 2DPIV 实验所得流场，在 z 方向上数据缺失，则：

$$Q = \left(\frac{\partial u}{\partial x}\frac{\partial v}{\partial y} - \frac{\partial v}{\partial x}\frac{\partial u}{\partial y}\right) \tag{1-10}$$

局部 Q 的极大值可以用来识别涡核，而对应负值代表流场中可能存在剪切，但不是涡旋运动。

第 2 章　壁湍流减阻及超疏水壁面减阻

2.1　壁湍流减阻概述

众所周知,伴随着能源危机、环境污染问题和人类日益增长的活动需求,节能减耗是现代人类社会迫切追求的目标。其实现途径之一便是通过减少各类交通运载工具的表面摩擦阻力。湍流的摩擦阻力远高于层流状态,而各种交通运载工具的大部分区域流动都处于湍流状态,因此研究湍流边界层减阻的意义十分重要。Liepmann 曾经指出:湍流中存在相干结构的意义也许就是通过干扰这种大尺度结构实现对湍流的控制。同时,鉴于相干结构在壁湍流中的重要作用,通过控制湍流相干结构来减小壁湍流摩擦阻力,成为该领域研究的热点问题。

迄今为止,前人设计和试验了多种湍流减阻控制方案,例如,改变壁面条件(仿生沟槽、超疏水壁面等)、改变流体性质(添加高分子聚合物等)、施加外部运动(壁面吹吸、合成射流等)、施加外力(等离子体、电磁力)等,这些措施均在特定的工况下取得了一定的控制结果。

目前各类壁湍流相干结构控制手段可进行如下分类:

(1)按照是否需要向流体中注入能量,可将控制手段分为主动控制(active control)和被动控制(passive control),这种分类方法在湍流控制领域已被广泛接受。主动控制手段需要致动器的参与,而被动控制则不需要。是否含有致动器装置,也是区分主动控制与被动控制的一个重要标志。

(2)根据壁湍流主动控制或被动控制手段所作用的流场区域,控制方法又分为近壁结构控制和外区结构控制。通过干涉近壁面条带结构及准流向涡结构实现控制目标的方法称为近壁控制;而以壁湍流外区相干结构为控制目标的手段为外区结构控制。

(3)从控制手段是否针对特定相干结构,又可分为全局结构控制和目标结构控制。所谓目标结构控制,是针对某一特定的壁湍流相干结构(条带结构、涡旋、发卡涡等)而言的,控制中首先要完成对相应的相干结构的识别,继而开启致动器进行干涉,削弱或抑制目标结构的的发展。因被动控制手段没有相应的致动器,无法实现对特性相干结构的智能控制,因此所有的被动控制均属于全局结构控制。在主动控制手段中,全局结构控制又称开环主动控制,目标结构控制又称闭环结构控制。

主动控制技术能够对所在流场实现可调节的控制,特别是闭环主动控制手段,可以对流场情况实时监控,并对流场变化做出及时响应,具有控制效率高的优点;但因其设计成本高、自身能耗高、系统复杂等原因,在实际应用中受到诸多限制。而对于被动控制,则不需要额外能耗,具有成本低廉、操作简单的优点;但其控制属于全局结构控制,控制效率相对较低。因此,湍流控制手段没有绝对的优劣之分,在特定的流场状况和应用背景下发挥预期效能即可。近些年,随着材料科学的发展和表面加工技术的进步,超疏水壁面的制备技术获得了大幅进步,超疏水壁面被动控制湍流减阻技术引起了科研工作者们的极大热情。

2.2　超疏水壁面减阻的研究进展

自然界中蕴含着丰富的设计灵感,超疏水壁面(superhydrophobic surfaces, SH)的设计灵感便来自于荷叶。众所周知,荷叶具有疏水和自清洁的特性(见图 2-1),即"荷叶效应"。用电子显微镜观察荷叶表面的微观结构时,可以看到荷叶表面附着着无数微米级的乳突结构[见图 2-2(a)],每个乳突结构又是由纳米级的相似结构组成[见图 2-2(b)],这就是荷叶的微纳米双重结构。正是这些结构的存在,使得灰尘或水珠与叶面的接触面积大大减小,灰尘会随着水珠在叶面上的滚动而被带走并一起滚落叶面[见图 2-1(b)]。

图 2-1　荷叶超疏水和自清洁特性

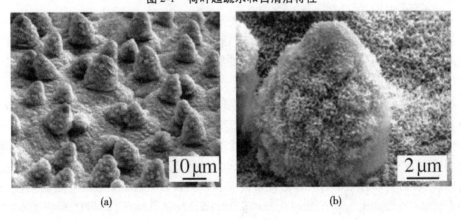

图 2-2　荷叶表面的显微结构

疏水性表面所具有的独特性能,使得它在军事、商业、工业等方面展现出巨大的价值和应用前景(见图 2-3),具体应用领域包括自清洁、防污、防污防水衣物、减阻、防腐、防结冰/霜、切割液滴、微流体控制等。因此,超疏水壁面作为一个热点问题,尤其是材料科学的蓬勃发展,近十年来引起了众多行业和领域的极大关注。

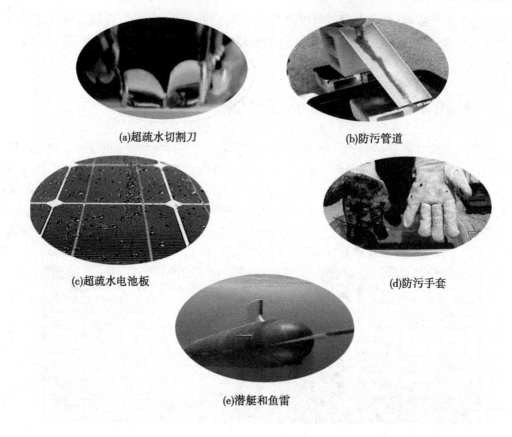

(a)超疏水切割刀　　　　　　　　　(b)防污管道

(c)超疏水电池板　　　　　　　　　(d)防污手套

(e)潜艇和鱼雷

图 2-3　超疏水壁面的工程应用

2.2.1　超疏水壁面基础理论

表面浸润性理论及层级结构对润湿性的影响两项内容是超疏水壁面研究领域的重要理论基础。现根据研究内容需要,作如下简单介绍。

2.2.1.1　表面浸润性理论

浸润性,又称润湿性,是指一种液体在固体表面铺展的能力或倾向,它是固体表面的重要表征之一,主要由表面的化学物质(决定表面自由能)和表面粗糙度来决定。通常,浸润性是用液滴在固体表面的接触角来量度的,表征液体浸润程度的大小。当液滴在固体表面达到平衡状态时,过固、液、气三相交点向气－液界面所作的切线与固－液交界线之间形成的夹角(见图 2-4),即为接触角(contact angle) θ_c。$\theta_c = 90°$ 是固体壁面浸润与否的分界线,也是疏水性壁面和亲水性壁面的分界线;$\theta_c > 90°$,壁面是不浸润的,是疏水壁面;$\theta_c < 90°$,壁面是浸润的,是亲水壁面。特别地 $\theta_c = 0°$ 代表壁面完全浸润;$\theta_c = 180°$ 代表壁面完全不浸润。当在理想状态(表面绝对光滑)时,静态接触角应满足界面化学的基本方程,Young 方程:

$$\gamma_{sg} - \gamma_{sl} = \gamma_{lg}\cos\theta_Y \tag{2-1}$$

式中,γ_{sg}、γ_{sl}、γ_{lg} 分别为固－气、固－液、液－气界面的表面张力;θ_Y 是基于 Young 方程得出的理想状况下光滑固体壁面的接触角,在理想状态下 $\theta_c = \theta_Y$。

　　表面静态接触角 θ_c 是判断固体壁面疏水与否的指标之一,并且一般认为 θ_c 越大的表面疏水性能越好。但仅靠接触角 θ_c 判断固体表面的疏水性还是不够的,实际中还需要考虑液滴的动态过程,这一指标用滚动角或接触角滞后(contact angle hysteresis) α 来表征。接触角滞后是液滴在固体表面时前进接触角(advancing contact angle) θ_A 总是大于后退接触角(receding contact angle) θ_R 的现象。其中,前进接触角 θ_A 是指气固界面被液固界面取代后形成的接触角,后退接触角 θ_R 是液固界面被气固界面取代后形成的接触角。而滚动角 α 是液滴在倾斜壁面上即将滚动时,壁面与水平方向所形成的临界角,此时一般满足 $\alpha = \theta_A - \theta_R$(见图 2-5)。所谓的超疏水壁面,一般指静态接触角 $\theta_c > 150°$ 且滚动角 $\alpha < 5°$ 的固体表面。

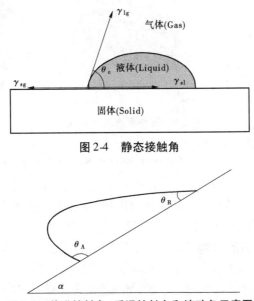

图 2-4　静态接触角

图 2-5　前进接触角、后退接触角和滚动角示意图

　　现实中理想光滑的表面并不存在,固体表面都具有一定的粗糙度。当液滴置于真实的粗糙表面时,通过实验的手段无法测得真实的接触角,只能得到表观接触角。但表观接触角并不符合 Young 方程。对此,Wenzel 和 Cassie 做了深入的研究,建立了液滴在粗糙表面接触的两种模型:Wenzel 模型[见图 2-6(b)]和 Cassie – Baxter 模型[见图 2-6(c)]。这里把光滑表面上的接触模型定义为 Young 模型[见图 2-6(a)]。Wenzel 在研究中发现固体表面的粗糙结构对表面的润湿性具有增强作用,他认为粗糙表面使得固液接触面积大为增加,并假设液体为完全浸润粗糙结构,形成了完全浸润的固液界面。Wenzel 从热力学角度对 Young 方程进行了修正:

$$\cos\theta_W = \gamma\cos\theta_Y \tag{2-2}$$

式中, θ_W 为粗糙表面表观接触角; γ 代表表面粗糙度,是真实固液界面接触面积与表观接触面积的比值,按照 Wenzel 提出的假设, γ 恒大于 1。也就是说,由于表面粗糙度的存在,疏水壁面的疏水性更加优良,液滴在亲水壁面上铺展的也更加容易。而 Cassie 通过对自然界中超疏水表面的研究,提出了"复合接触"的思想。他认为在超疏水界面上的液滴并

不会使粗糙结构之间的空隙完全填满,在液滴下会有空气的存在。表观的液固接触实际上是由液固和液气两种界面组成。在复合接触模式(Cassie – Baxter 模型)下,满足如下关系式:

$$\cos\theta_{CB} = f_{sl}\cos\theta_{sl} + f_{lg}\cos\theta_{lg} = f_{sl}\cos\theta_{sl} - f_{lg} \tag{2-3}$$

式中,θ_{CB} 为该状态下的表观接触角;f_{sl} 和 f_{lg} 分别是固 – 液界面和液 – 气占总的表观面积的百分比;θ_{sl} 和 θ_{lg} 分别为两种不同界面上的接触角。特别地,当 $f_{sl} = 1$ 时,代表液体为完全浸润粗糙结构,也就完成了 Wenzel 模型向 Cassie – Baxter 模型的转变。

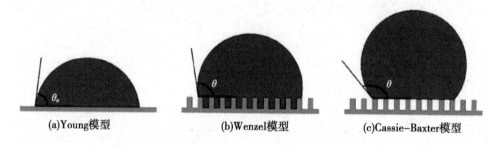

(a)Young模型　　　　　　(b)Wenzel模型　　　　　　(c)Cassie–Baxter模型

图 2-6　三种表面浸润性模型

2.2.1.2　超疏水壁面层级结构

通过 Young 方程分析可知,降低固体表面自由能,改变其表面的化学组成,可以提高疏水性能。但是这种方法有一定限度,接触角极限值是 120°。因此,决定某一固体表面是否具有超疏水性能的关键并不是其表面的化学物质,而是固体表面的微观结构。Bhushan 等的研究将固体表面分为四类(见图 2-7):光滑表面、单一纳米级粗糙结构表面、单一微米级粗糙结构表面及具有微纳双重尺度的层级结构表面。近来研究认为,光滑平面难以通过改变其表面的化学物质达到超疏水的状态,只有具有把疏水性的化学物质和粗糙结构相结合的固体表面才可能是超疏水的,且都会处于 Cassie – Baxter 接触模型。而且相同情况下,超疏水纳米结构表面真实的接触面积要小于微米结构情况,具有更高的静态接触角。但是在复杂的流场中,接触界面会有很强的动力学过程,液体很容易进入到纳米结构之间的空隙中,从 Cassie – Baxter 接触模型返回到 Wenzel 接触模型,降低超疏水性能。因此,具有微纳尺度的层级结构的固体表面更像自然界中荷叶所具有的层级结构,在抑制液体浸润到结构内部的性能更加优良,体现出更优异的超疏水性能,更适合在复杂流场中发挥作用而不失效。

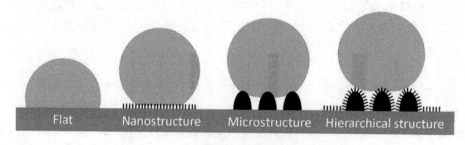

图 2-7　表面微观结构对超疏水性能的影响

2.2.2　超疏水壁面层流减阻与湍流减阻

超疏水壁面具有比疏水壁面更优异的性能,但超疏水壁面的制备技术较为复杂。受此影响,人们对疏水壁面流动减阻研究开展得较早,超疏水壁面流动减阻是对疏水壁面减阻研究的深化,但两者在减阻机理上并无本质上不同。本节从疏水表面滑移理论、疏水壁面层流减阻和湍流减阻三个方向展开介绍。

2.2.2.1　表面滑移理论

在研究大部分流固接触的流动问题时,固壁边界无滑移作为一个重要的假设已经被广泛接受,也成功解决了众多宏观流动问题。然而,它的适用性并没有得到验证,特别是19 世纪和 20 世纪早些时候,在学术界引起了广泛的争论,并开展了大量的实验研究。直到 1823 年,Navier 首次提出滑移边界条件的概念,无滑移边界条件不再具有普适价值。在 Navier 的理论模型中,滑移速度 u_s 正比于流体在壁面处的剪切率:

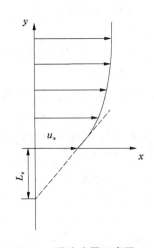

图 2-8　滑移边界示意图

$$u_s = L_s \cdot \frac{\partial u_x}{\partial y}\bigg|_{y=0} \tag{2-4}$$

式中, L_s 是滑移长度。$L_s = 0$,即为无滑移边界;$L_s > 0$,即为有滑移边界。滑移长度在数值上等于流场向壁面外侧线性延伸到满足无滑移边界条件的距离,图 2-8 为边界示意图。$L_s = 0$ 几乎是不存在的,尽管如此,对于几乎所有简单流体的宏观流动的滑移长度是非常小的,L_s 处于 1 nm 的量级,以至于可以忽略。因此,在这种情况下,无滑移条件仍然可以使用且不会影响精度。

2.2.2.2　疏水壁面层流减阻研究进展

1997 年,田军等在水洞中对涂覆低表面能物质的疏水平板进行了层流边界层实验,发现层流边界层增厚,转捩点后移。通过三分力天平测力手段得到了 18% ~ 30% 的减阻率。Watanabe 等采用压降法对涂覆低表面能物质的微管道进行层流实验,得到了 14% 的减阻率。余永生和魏庆鼎对涂有聚四氟乙烯的疏水壁面进行了层流减阻研究,发现减阻来源于层流减阻,非转捩延迟,并认为粗糙表面和疏水涂层共同决定疏水性能。

时至今日,人们逐渐发现层流减阻效果与表面滑移速度及滑移长度密切相关。当流体流过疏水表面时,固 - 液界面会存在一定的气含率,这就使得接触表面处于 Cassie - Baxter 接触模型,存在非零壁面滑移速度,适用于 Navier 的理论模型。对于一个二维流场,应有:

$$u_s = \lambda_x \left|\frac{\mathrm{d}u}{\mathrm{d}y}\right|, v_s = 0, w_s = \lambda_z \left|\frac{\mathrm{d}w}{\mathrm{d}y}\right| \tag{2-5}$$

式中, u_s、v_s 和 w_s 分别是流向 x 、法向 y 、展向 z 上的速度分量;λ_x 、λ_z 代表各个方向上的滑移长度。

疏水壁面近壁结构内所含有的气体构成一个薄的气层,使得气 - 液界面上产生有效滑移。拥有较大的流向滑移长度,意味着壁面存在较大的滑移速度。Ou 和 Rothstein 做出了开创性研究,第一次实验证实了疏水壁面的层流减阻效果。通过制造具有精确定义的微观结构并进行层流实验,他们找到了近壁流体速度提高是源于微结构内气层这一事实的实验依据。通过微流道压降的测量,他们还发现气含率的提高可以增加减阻率,并且这种情况下最大滑移长度具有和微流道尺度相当的量级。Lee 和 Kim 通过激光刻蚀微米尺度的硅柱得到了具有层级结构的超疏水壁面,用以研究超疏水壁面的滑移长度。一般来说,表面的气含率越高,滑移长度越大,减阻效果越好。

疏水壁面/超疏水壁面层流减阻的减阻机理总结起来,有以下几点:

(1)摩擦阻力的减少源于气液界面的流向滑移。

(2)界面越高的气含率决定着界面拥有更大的自由剪切面,与之相对应,具有更高的减阻率。

(3)流向滑移长度表征疏水壁面减阻的潜力,并且受限于超疏水壁面内微观结构的间隔尺度。

2.2.2.3　超疏水壁面湍流减阻研究进展

相比于层流减阻,湍流流动增加了超疏水湍流减阻的研究难度。湍流中次生结构,比如条带结构、涡旋等,可以与超疏水壁面的微观结构相互作用,影响超疏水壁面的减阻效果。大的压力脉动也会导致超疏水壁面向润湿状态转变,增加壁面切应力,进而破坏超疏水表面脆弱的微结构。此外,湍流不能通过 N-S 方程直接求解,这类流动问题的特征只能通过数值的方法讨论。此外,高速的湍流问题可能会导致局部压力显著减小形成局部抽吸,而导致壁面气含率降低。总体来说,在层流状态中具有的减阻能力,在湍流中未必会出现。在湍流边界层的黏性底层,人们认为湍流和层流的减阻机理可能相同。Fukagata 等通过理论分析也认为超疏水壁面引起黏性底层的变化可以影响到整个湍流边界层。因此,黏性底层和超疏水壁面结构的相互影响才是决定超疏水壁面湍流减阻的关键因素。

超疏水湍流减阻计算方面最容易模拟的壁面结构就是沿流向的凸槽。Min 和 Kim 对具有这种壁面结构的表面进行了 DNS 研究,通过比较只存在流向滑移、只存在展向滑移和两种滑移都存在这三种情况,深入了解了超疏水壁面滑移特性对湍流减阻的影响,结果见图 2-9。他们发现非零的流向滑移速度可以减小壁面的摩擦阻力,并且流向滑移对减阻的影响与层流减阻的作用机理基本形同。但是展向滑移却会使得整体阻力增加。Min 和 Kim 观测到展向滑移的存在可以增强近壁的涡旋运动,导致增阻现象的发生。Martell 等在他们的计算研究中也得到了相似的结论。而这种变化有利有弊,好处是这些结构不会改变,很难转换,也就是湍流理论依然适用;其弊端是会导致阻力增加。Min、Kim 和 Martell 等还研究了同时具有流向滑移和展向滑移的情况,最接近真实实验情况。总体上,两组都发现流向摩擦阻力的减小可以超过展向滑移引起的阻力增加。也就是说,即便存在展向滑移,超疏水壁面依然可以在湍流中取得减阻效果。计算的结果显示:只要壁面的流向滑移效果明显强于展向滑移,湍流减阻现象才可能产生,以计算为指导,要求湍流减阻实验中用到的超疏水壁面需要有较大的流向滑移长度。

实验中采用的超疏水壁面表面结构分为两类:规则排列的结构(如凸槽结构、柱状结构)和随机排列的结构。Daniello 等在微槽道湍流流场中,测量了具有顺流向凸槽结构超

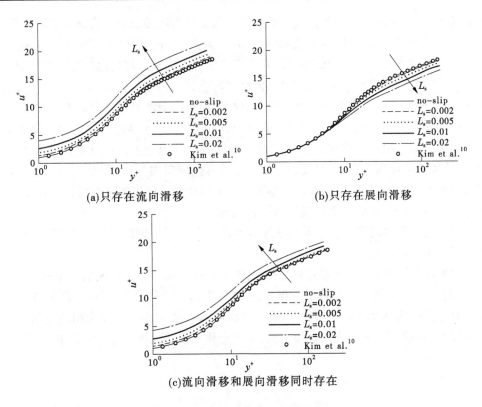

(a)只存在流向滑移   (b)只存在展向滑移

(c)流向滑移和展向滑移同时存在

图 2-9 内尺度无量纲平均速度剖面

疏水壁面的表面摩擦。在低雷诺数下,没有观测到减阻,这与理论预测一致。当雷诺数增加,测量到了较大的阻力损失。当微槽道上下两个壁面都具有顺流向吐槽结构的超疏水壁面时,减阻率也大致是原来的两倍。研究者还发现当壁面微结构的尺寸相当于黏性底层的厚度时,减阻效果才开始出现。最终,他们实验得到的最大减阻率约为 50%。然而,因为他们所采用壁面的固壁接触面积占表观接触面积的 50%,所以不会出现大于 50% 的减阻率。Woolford 等做了一项重要研究,他们定义了四种排列及亲疏水性能不同的凸槽结构,包括顺流向疏水结构、顺流向亲水结构、展向疏水结构和展向亲水结构,并在湍流场中测量含有相应结构壁面的表面摩擦。分析时,将在湍流场中测得的光滑壁面上的表面摩擦作为对比研究的基准。对于亲水壁面的情况以及具有展向结构的超疏水情况,都测量出阻力增加。这种预测与 Min 和 Kim 相一致,也就是展向滑移增加壁面摩擦阻力。Henoch 等对"纳米草"结构超疏水壁面湍流减阻进行了研究。"纳米草"超疏水壁面是由无数个柱状凸起结构规则排列构成的,单个立柱的直径是微米级的,高度是 7 μm。通过测力天平记录光滑有机玻璃平板和"纳米草"超疏水壁面在湍流场中的受力来对比分析减阻程度。实验中,在流速低于 0.6 m/s 时,没有取得减阻效果。摩擦雷诺数位于 $150 < Re_\tau < 600$ 的范围内测得了大于 50% 的减阻率。然而,与 Daniello 等和 Woolford 等的研究结果不同,Henoch 发现减阻率会随着雷诺数的增加而减小。在最大的速度处,约为 1.3 m/s,仅获得了 15% 左右的减阻率。结合 Woolford 等提出的展向结构会增加摩擦阻力的论断,这些研究可能预示着复杂的微尺度结构壁面,尤其是那些流向结构不占据主导优势

的超疏水壁面,可能无法产生像具有单一流向凸槽结构超疏水壁面那样的减阻效果。

　　用精确制造的纳米结构(凸槽和立柱结构)来加工制作超疏水壁面并进行湍流研究,这种手段在学术界也仅有为数不多的几个实验室可以完成。尽管这类超疏水壁面有助于认识和了解超疏水壁面湍流减阻机理,但从根本上讲,这些结构却无法进行归一化处理。近年来,有研究者将混合有疏水性二氧化硅纳米粒子的溶液通过喷雾的方式,使其嵌入到硅树脂基质表面,形成随机排列结构的超疏水壁面。Aljallis 等首先将这种喷涂的超疏水壁面用到湍流减阻的实验中。实验中对两组具有不同粗糙度的喷涂超疏水壁面进行研究,当流场为湍流流动时,粗糙度较小的壁面没有发现阻力减小,但是粗糙度大的表面却导致壁面阻力大为增加。作者认为,湍流状态下的粗糙表面可能被润湿,从而减阻效果失效。这与 Woolford 等对亲水性凸槽结构表面的结论一致。

　　通过实验方法研究超疏水壁面湍流减阻机理取得了一定的进展,并对超疏水壁面湍流减阻有了一定的共识:

　　(1)超疏水壁面湍流减阻是可行的,特别是表面结构是沿着流向整齐排列时。

　　(2)由于湍流场中压力脉动的存在,可能使得壁面滑移消失,进而减弱超疏水壁面的减阻效能,当表面粗糙结构与黏性底层产生相互影响时,甚至可能带来阻力增加。

　　(3)即使超疏水壁面内存在微气泡,展向滑移和粗糙元也仍有可能使阻力增加。

第 3 章　水动力学设备及 PIV 实验技术

3.1　实验设备与装置

3.1.1　循环式水槽

本书中所涉及的实验研究中用到了两套开口循环水槽装置,其主要结构并无本质区别,都是由水槽主体、支撑装置、蓄水箱、供水泵等组成。在循环水进入到实验段之前,流体会先在水槽收缩段收缩进行流动加速,再经由导流片导流消除进口流体中的大尺度运动,继而通过蜂窝器及滤网装置进一步削弱小尺度运动及流场脉动,以求达到实验流场所需要的流动速度及流场品质。循环水槽装置中供水泵的工作状态是可以通过数字式电控装置进行连读调节的,因此水槽流速在可控范围内是连续可调的。

本书第 4 章内容的相关实验是在英国曼彻斯特大学航空航天系低速循环式开口水槽中进行的,水槽示意图如图 3-1 所示。实验水槽长 3.64 m,截面积为 0.305 m × 0.305 m。水槽实验段长 0.8 m,侧壁是玻璃材质,水槽底部也开有玻璃窗口,透光性良好,便于开展流动显示和 PIV 实验。水槽中自由来流流速可控范围为 0 ~ 0.4 m/s,并且可以通过电控装置控制离心泵转数而实现连续调节。在自由来流速度为 0.1 m/s 时,经 PIV 实验测得的自由来流湍流度为 0.8%。

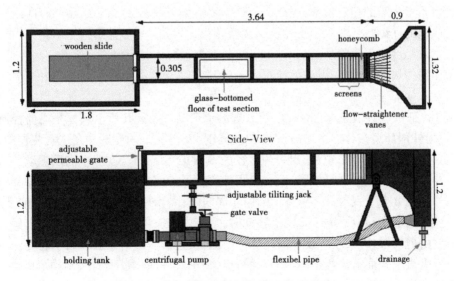

图 3-1　曼彻斯特大学低速循环式水槽示意图

本书第 6 章的实验是在天津大学流体力学实验室低速循环式开口水槽中进行的,水槽示意图如图 3-2 所示。水槽长度 5.32 m,水槽截面积 0.25 m × 0.38 m(宽 × 高)。流体通过潜水泵驱动,自由来流流速由变频器装置控制,并在 0 ~ 0.3 m/s 连续可调。在自由来流速度为 0.17 m/s 下,流场的背景湍流度约为 0.7%。

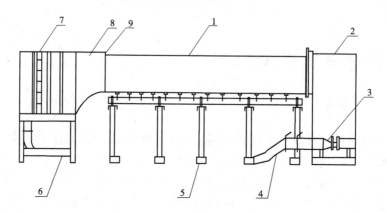

1—实验段;2—储水箱;3—潜水泵;4—扩散段;5、6—槽体支架;7—栅网格;8—收缩段;9—插板

图 3-2　天津大学低速循环式水槽示意图

3.1.2　合成射流技术简介

合成射流(synthetic jet)是一种由于激励器交替吹吸周围流体而产生的非连续射流。合成射流激励器具有可以产生某种振动机理(如活塞、压电膜等)的空腔,空腔通过孔口与外界流体联通。激励器工作时交替吹吸周围流体,吹出的流体由于剪切作用形成涡环并向远离孔口方向运动,一定条件下可以不被吸回激励器。合成射流具有仅对外输出动量而输出质量为零的显著特征,因此又被称为零质量射流(zero-net-mass-flux jet)。

与传统的连续吹气或吸气流动控制技术相比,合成射流具有结构简单紧凑、重量轻、成本低、维护方便、无需额外气源等诸多优点,在流动分离、气动控制、射流矢量控制、增强掺混及加强传热换热控制、微流体控制、飞行控制,以及粒子的散布控制等方面应用潜力巨大。

图 3-3 是一个典型圆出口合成射流装置的示意图。一般孔板上流体是需要控制的流体,也称为外部环境流体。图中 H 是空腔的高度,h 是孔口的深度。在这套装置中,空腔是一个直径为 D 的圆柱形空腔,出口为直径为 D_0 的圆形出口。实验中利用振动器或相应的致动器对隔膜片振动进行控制,而一般驱动致动器的信号是正弦的,隔膜片振动的振幅和频率分别用 Δ 和 f 表示。在隔膜片的振动周期内,隔膜片向下移动并产生凹陷,流体从外部环境吸入腔中;相反,隔膜片向上移动时,空腔内的流体被推出腔体,空腔出口边界上会形成自由剪切层,并发生流动分离。如果射流足够强,自由剪切层倾向于卷起并形成涡环结构。垂直于壁面射流产生的涡环在静止水槽中发展演化过程如图 3-4 所示。

涡环在运动过程中与环境流体相互影响(见图 3-5),关联流动有三个来源:一是初始射流,流动显示中的亮色区域;二是涡环运动中被夹带的流体,这部分流体指因射流边界的强剪切作用而被卷入涡环的环境流体,即流动显示中涡环结构内的暗色区域;三是附加

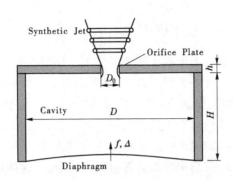

图 3-3　典型圆出口合成射流装置示意图

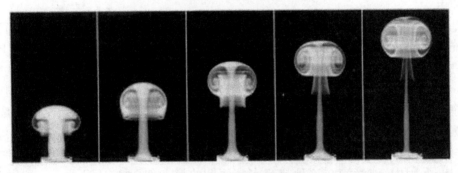

图 3-4　射流涡环在静止流场中的发展变化

流体,也属于环境流体。当涡环远离出口运动时,涡环行进前方的环境流体加速,被涡环推向前方。与此同时,涡环后方的流体随涡环的运动而被持续带入。这前后两部分的流体将涡环包裹起来,形成"涡泡"。涡环形成、发展和演化的动力来源,来源于这三部分流体所携带的动量。

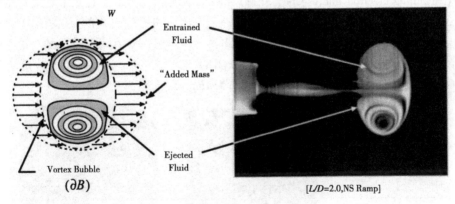

图 3-5　射流流场和环境流场相互作用

在横流流场(射流方向与自由来流方向垂直)中,当控制条件适当时,会在射流出口的下游形成连续的具有固定周期性的发卡涡结构,这为我们实验研究发卡涡结构动力学特性指明了方向。具体请见第 4 章相关内容。

3.1.3　具有层级结构的超疏水壁面

近年来在超疏水壁面制备上取得了较大的进展。Ou 和 Rothstein 认为真正决定某种疏水壁面是否具有超疏水特性的关键因素,不是壁面上疏水性的化学物质,而是壁面本身的微观结构。Bhushan 等的研究认为:具有层级结构的超疏水壁面具有更大的静态接触角,更小的滚动角,疏水特性更接近于具有微纳二级结构的荷叶表面。更重要的是:层级结构在维持固液气三相界面的稳定性上具有更优异的性能。换言之,粗糙结构与近壁面流体运动的相互作用使得粗糙结构内部的气泡很容易逸出,这种现象在湍流中更为严重,而层级结构的存在可以抑制这种趋势,因而具有层级结构的超疏水壁面更适合在湍流流场中使用。

基于此,实验中用到的超疏水壁面平板具有微纳二级尺度的层级结构,其表面积为 280 mm × 280 mm,厚度 15 mm。实验用超疏水壁面平板可以恰好嵌入边界层平板上,同时为进行对比实验,还制作了一个具有相同尺寸的光滑有机玻璃平板作为亲水性壁面(Hydropholic surfaces, PH)。图 3-6(a)是实验用到的两种壁面平板的实物图。实验中使用的超疏水壁面是由中国科学院大学姚朝辉教授提供的,制作流程分为三步:用乙醇、丙酮和蒸馏水将基材上的污迹、碎屑除尽,把己酮和乙酸丁酯作为黏合剂涂在基层上,将分散在丙酮中的疏水性纳米颗粒以喷雾的方式喷在黏合剂层上,并最终形成类似荷叶多层结构的粒子微团。液滴滴在这种超疏水壁面上的形态如图 3-6(b)所示。利用美国 Nanovea 公司型号为 ST400 的三维非接触式表面形貌仪对光滑平板和超疏水平板的表面微观结构测量(见图 3-7):光滑平板表面粗糙度仅 0.149 μm,形貌特征仅为光滑表面打磨过程留下的加工痕迹;超疏水平板表面有很多凸起结构,杂乱排列,测得其表面粗糙度 $Ra \approx 2.67$ μm。为了对超疏水壁面的表面微观结构进行更深入的了解,图 3-8 中使用扫描电镜(scanning electron microscope, SEM)在两个不同放大倍率下观测了其微观结构特征:图 3-8(a)显示其表面是由许多微米级的凸起结构随机排列组成的,从图 3-8(b)中可以看出那些微米级的凸起结构实际上是由众多纳米级微粒聚集在一起形成的。纳米粒子的直径 $d = 20 \sim 50$ nm,所形成微米级粒子团的尺度 $2 \sim 4$ μm。根据接触角测量仪(JC2000CD1)的测量结果,该壁面静态接触角为 161°,滚动角为 0.9°。

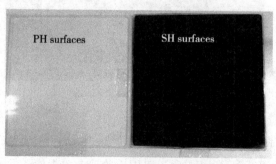 

(a)实验中用亲水性平板和超疏水平板　　　　　(b)超疏水壁面上的液滴形态

图 3-6　嵌入式可替换壁面平板

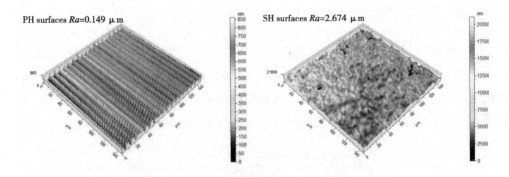

图 3-7　Nanovea ST400 三维非接触式表面形貌仪测得的三维形貌特征

(a)微米尺度结构　　　　　　　　　(b)微米尺度结构上的纳米粒子

图 3-8　超疏水壁面的微观结构

3.2　PIV 实验技术

PIV 实验技术是在传统的流动显示技术的基础上,伴随着激光片光技术、新一代计算机技术和图像处理技术,发展起来的一种全场测量技术。从 20 世纪八十年代 PIV 技术得以实现以来,它逐渐替代热线测速技术(hot‐ware anemometry, HWA)和激光多普勒测速技术(laser Doppler velocimetry,LDV)的地位,成为研究实验流体力学相关问题领域最热门的流场测量工具。PIV 技术是一种非接触式的测量手段,对所测流场无干扰,且突破了 HWA 和 LDV 技术空间单点测量的局限性,实现了对目标流场的全场、瞬态测量。此外,一般 PIV 技术得到的流场速度矢量点总数可达到 $10^3 \sim 10^5$ 的量级,这意味着由速度矢量场转换得到的压力场和涡量场等均具有足够的空间分辨率,足以和数值模拟结果相媲美。由此,PIV 技术使得流动可视化研究实现了由定性向定量的跨越。PIV 技术经过多年的快速发展,实验测量已经完成了从二维平面(2D)流场向三维立体(3D)空间流场的过渡,目前 2D‐PIV、Stereoscopic PIV(Stereo‐PIV)、Tomographic PIV(Tomo‐PIV)是最常用的三类 PIV 系统。按照采集频率的高低,又分为传统 PIV 和具有高时间分辨率的 Time‐resolved PIV(TR‐PIV)。一般传统 PIV 系统最高的图像采集频率在 20 Hz 左右,而 TR‐PIV 系统的采集频率一般在 100 Hz 以上,甚至达到 10^5 的量级。目前,PIV 技术已经广泛应用于气流、水流、管道、生物流体、超音速、风工程等各种类型流场测试。下面就与本书相关的 PIV 系统,做简要介绍。

3.2.1　2D - PIV 技术

2D - PIV 即平面 PIV,是目前众多 PIV 系统中最基本最简单的,其他 PIV 系统均是以它的工作原理为基础,为满足不同需求而改进设计的。图 3-9 是 2D - PIV 实验系统原理示意图,一套典型的 PIV 实验系统必须具备五个基本要素:

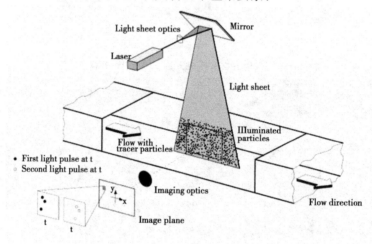

图 3-9　2D - PIV 实验系统原理示意图

(1)透光性良好且布撒有适量示踪粒子的实验流场。

(2)用来照亮目标流场区域的激光光源系统,对于 2D - PIV 系统则需要产生一个片光源并照亮目标流场平面。

(3)图像记录采集设备,即数字相机。

(4)同步控制器,使激光器出光和相机采集保持同步。

(5)一台装有图像处理软件的计算机,用以处理粒子图像来得到速度场信息。

下面就 2D - PIV 原理图对实验过程作简单的介绍。在流场中布撒大量的示踪粒子跟随流场运动;拍摄标定图像,进行标定,确定像素与实际物理空间的对应关系;在同步控制器的控制下,激光器产生激光束并经过组合透镜后扩束成片光照亮流场,被激光片光照射的示踪粒子发出散射光;数字相机也在同步控制下,垂直于片光源拍摄流场,并得到前后两帧记录瞬时示踪粒子散射光的粒子图像对;用商业图像处理软件对粒子图像进行互相关运算,处理得到流场一个切面内定量的速度分布。在此基础上,进一步处理可得流场的涡量场、流线以及等速度线等流场特性参数分布。

对粒子图像进行互相关分析是 2D - PIV 图像处理软件得到流场速度场的典型方法,其基本原理如图 3-10 所示。一个粒子图像对记录了众多示踪粒子在很短的时间 Δt 内的位置变化。由于时间间隔 Δt 足够小,可以认为流体微元和流场速度在时间和空间上都没有变化。分析过程中先根据所测流场大小和示踪粒子浓度将图像划分成若干小的判别区域,即查询窗口,一般为 16 pix × 16 pix 或 32 pix × 32 pix。为保证拥有一定的分辨率,同时在判别过程中需要相邻的查询窗口有一定的重叠率,一般步长定为查询窗口区域的

1/2 。从前后两幅图像中提取对应的查询窗口,其灰度值分布函数分别为 $f(x,y)$ 和 $g(x,y)$,其互相关函数为 $R(\Delta x, \Delta y) = \iint f(x,y) \cdot g(x + \Delta x, y + \Delta y)\,\mathrm{d}x\mathrm{d}y$,式中 Δx 和 Δy 分别是粒子在水平方向和竖直方向的位移。如图 3-10 中所示,图中互相关平面上产生的最高峰即可判断该查询窗口区域粒子的平均位移。而时间间隔 Δt 是实验中设定的参量,为已知量,从而该区域流体的水平方向速度为 $\vec{V}(x_0, y_0) = \vec{\Delta r}/\Delta t$,其中 $\vec{\Delta r} = (\Delta x, \Delta y)$ 。这个速度是 Δt 内的平均速度,也是查询窗口内的空间平均速度,将所有查询窗口的速度信息组合起来就成功地将该粒子图像对的图像信息转化成速度场信息。

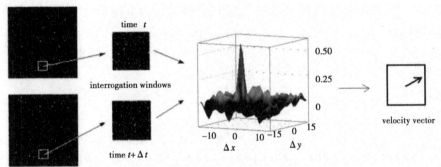

图 3-10　粒子图像互相关运算

在整个 PIV 实验过程中有几个因素会影响最终测得流场的精度,需要引起注意:

(1)示踪粒子本身。在 PIV 实验测量中,示踪粒子在流场中布撒均匀,被当作流体质点用来反映当地流体微元的运动轨迹,必须有良好的跟随性。因此,实验用示踪粒子除要满足密度要与流体介质充分接近外,还要求粒径尽量小。一般空气中使用液体小颗粒烟雾(一般粒径 1 微米级,超音速需要纳米级),水中使用密度接近水的空心玻璃微珠等固体粒子颗粒(粒径范围几微米到几十微米)。而小粒径的示踪粒子,其散射光也相对较弱,需要更强的激光照射或在增大相机光圈的前提下提高相机的放大倍率。因而在实验中,粒径的选择是由多个因素共同决定的。

(2)示踪粒子浓度。粒子图像上单位面积上或流场中单位体积流体所拥有的粒子数都可以表征示踪粒子浓度。只有流场中含有足够高的粒子浓度时,查询窗口中才会有足够多的粒子来进行互相关运算。但需要注意的是,粒子浓度过大会影响透光性且有些示踪粒子的购买价格非常昂贵,因此粒子的浓度在满足测量精度时也要适当控制。

(3)查询窗口和窗口重叠率选取。查询窗口越小,互相关运算时重叠率越高,所得流场速度矢量数目越多,空间分辨率越高。但越小的查询窗口内粒子数目也越少,重叠率高也会使第二帧图像中粒子容易出现在查询窗口外,这都不利于互相关运算并会产生过多的错误矢量。而若查询窗口过大,首先会造成流场的空间分辨率降低,其次是由粒子位移不明显而增加的错误矢量,最后,在速度梯度比较大的地方造成测得的速度梯度不明显,尤其是在壁湍流近壁区域。

(4)相机曝光时间。相机曝光时间过短,相机底片对粒子散射光的感光时间也就短,难以形成清晰的粒子图像;相机曝光时间过长,同一张粒子图像上会记录下粒子的运动轨迹。实验中要避免这两种极端情况。

(5)一个粒子图像对前后两帧的时间间隔。这个时间间隔决定粒子在前后两帧图像上的位移。一般而言,粒子的位移量应该大于查询窗口大小的1/4。对于 TR – PIV,因其采集频率高,一般采用连续模式,此时采集频率就决定了粒子的位移量;对于传统 PIV,因采集频率低,需要对这个时间间隔单独设定。

(6)相机位置和片光源位置。图像采集过程中相机光轴要与片光平面垂直。激光光源由激光束转变为发射状的激光片后,光强是随光路逐渐衰减的。而待测区域大小或分辨率一般是由相机距离片光的距离决定的。此外,实验中,在满足目标流场区域被片光覆盖的前提下,尽量缩短待测区域内激光的光路。同样,为拍摄较大的流场区域,可要将相机远离待测区域,同时将片光源远离使片光再次覆盖目标流场。

总之,要获得较好的粒子图像并处理得到高质量的速度流场,除需要考虑以上这些要素外,还需根据实验中的具体情况对相关参量进行权衡。

3.2.2 Stereo – PIV 技术

Stereo – PIV,又称2D –3C PIV,是用来测量平面三分量速度场的三维测试技术。与传统2D – PIV 中相机光轴垂直于被测平面的布置情况不同,Stereo – PIV 是在原有的 PIV 系统基础上,利用类似于生物双目视觉原理,使用两套相机系统,在空间上按照一定倾斜角度布置并同时对平面实验流场进行拍摄,如图 3-11 所示。两个视觉角度的二维流场会进行各自处理,得到两套二维速度矢量场。而它们之间的差别可反映出垂直于片光平面方向上第三个速度分量的大小和方向。通过对两个相机进行标定,可以计算得到第三个速度矢量并同时对平面上的两个速度分量进行修正,消除视差效应带来的误差并最终得到平面流场三分量速度矢量场的分布。

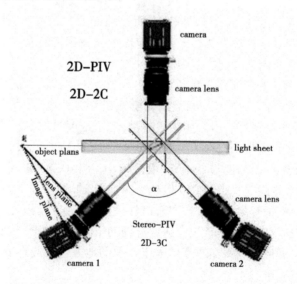

图 3-11 Stereo – PIV 与 2D – PIV 系统实验布置对比示意图

Stereo – PIV 是在传统 2D – PIV 的基础上发展而来的,实验中依然需要考虑示踪粒子、粒子浓度、曝光时间、拍照时间间隔、查询窗口等共性因素。此外，基于 Stereo – PIV 本身的特点，还需注意以下几个问题：

（1）相机布置需要满足 Scheimpflug 原则。如图 3-11 所示，这就要求被摄体平面（片光平面）、影像平面（相机的焦平面）、相机的镜头平面三个面的延长面相交于一条直线（在与三平面垂直的平面上看相交成一个点），即可得到全面清晰的影像。因而一般 Stereo – PIV 系统中需要 Scheimpflug 相机支架用以调节相机，使之满足 Scheimpflug 原则。

（2）两相机光轴的夹角。两相机夹角越小，两相机所拍得流场的重叠区域越大，最终得到的有效速度场区域越大，但对垂直于片光平面方向的运动不敏感；反之，夹角越大，垂直片光方向的运动容易识别，但两相机所拍得流场的重叠区域也越小，导致最终有效流场区域也小。同时，越大或越小的相机夹角都会影响测量精度。一般认为相机夹角在50°～60°所得流场的测量精度较高。实验中，可根据具体情况作适当调整。

（3）流场介质影响。与传统 2D – PIV 不同，Stereo – PIV 实验中相机光轴并不垂直于片光平面。相机一般只能处于气体介质中，如果是测量液体流场，则必然存在一个气液界面导致粒子散射光在界面处产生折射，影响粒子图像的成像质量。因而这种情况下，需要加装棱镜，用以消除或减弱光的折射。而在测量气体流场中，则不需要考虑。

3.2.3　Tomo – PIV 技术

Tomo – PIV 技术又叫层析粒子图像测速技术，是一种全新的 3D – 3C PIV 技术，从硬件设备上来看，与前两种 PIV 系统有两个重要不同：一是实验用光源是体光源，照亮的是一个三维空间流场；二是相机个数，Tomo – PIV 系统由三个以上的相机组成。

图 3-12 是 Tomo – PIV 系统的工作原理图。从工作原理上看，Tomo – PIV 实验需要经历照亮待测流场、图像记录、三维空间粒子重构和三维互相关四个主要步骤。前两个步骤（照亮待测流场和图像记录），除前文提到的体光源和相机个数不同外，过程与 2D – PIV 基本一致。而第四个步骤 Tomo – PIV 三维互相关运算与 2D – PIV 选取查询窗口和重叠率类似，Tomo – PIV 计算空间粒子位移时也会相应地设置查询体和重叠率，利用空间互相关算法计算相应查询体局部区域示踪粒子的平均速度矢量，最终得到三维速度矢量场的空间分布。因而 Tomo – PIV 从体空间粒子分布变化得到体空间速度矢量场的思想与 2D – PIV 从平面粒子分布变化得到平面速度矢量场的思想并无本质上的不同。

互相关运算的前提条件是需要知道前后两个时刻空间流场中的粒子分布情况，但其实现过程却不易。因而第二个步骤重构瞬时三维空间粒子分布，是 Tomo – PIV 技术的核心内容。层析方法是 Tomo – PIV 重构瞬时三维空间粒子分布时用到的方法，天津大学包全对层析方法进行了积极的探索，这里进行简要介绍。将三维空间粒子场用层析离散的方式分成若干二维平面，某一确定的平面在任一相机的投影图像上就是一条直线。这样，层析方法就把三维重构的问题简化成二维重构的问题，实现了降维。再利用 ART（algebraic reconstruction technique）或 MART（multiplicative algebraic reconstruction technique）代数重构方法重构出单个平面上粒子的空间分布，最后将所有平面的结果进行重构便得到瞬时三维空间粒子的分布。

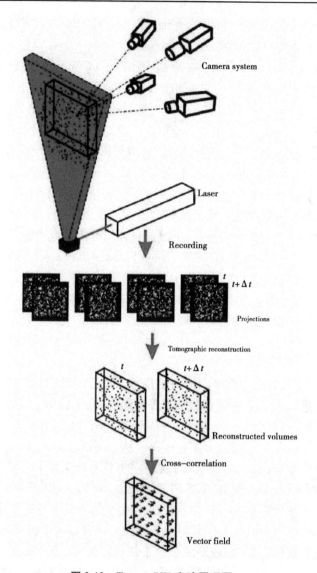

图 3-12　Tomo – PIV 实验原理图

第 4 章　发卡涡三维结构的实验测量

4.1　相干结构之发卡涡结构的重要性

　　众所周知,壁湍流相干结构是多尺度、准周期的运动,具有时空自组织的特性,同时对湍流的产生、维持和发展起着重要作用。研究壁湍流相干结构的组织形态和演化机理,是理解更复杂流动及对湍流实现有效控制的基础。近几十年来,越来越多的学者投身于湍流相干结构的动力学研究。自 1967 年 Kline 发现快慢条纹结构和猝发现象以来,Falco 发现湍流是大尺度准周期的运动,Head 和 Bandyopadhyay 进一步指出这种大尺度运动是由许多发卡涡组成的涡包。随后,Moin 和 Kim 通过 DNS 的方法给予了证实。自此,相干结构的形态拓扑及其发展演化规律成为壁湍流研究的两个重要方面。在发展演化方面:Acarlar 和 Smith 提出近壁面发卡涡的发展演化的理想模型;Adrian 等提出从近壁面生长起来的嵌套发卡涡涡包模型。在涡的形态方面,DNS 的结果显示,典型的发卡涡结构比较常见,近年 Wu 和 Moin 通过 DNS 的方法,在槽道湍流中发现了大量密集排列的发卡涡结构,并称之为“发卡涡森林”;然而在实验的结果中,这种典型的发卡涡结构并不常见,更多的是涡棍、马蹄涡、λ 涡、Ω 涡等。因为在产生机理上,不同形状的涡结构在产生上并无本质的不同,所以 Adrian 等将发卡涡、涡棍、马蹄涡、λ 涡、Ω 涡等统一定义为发卡涡。湍流边界层中的流体动力学行为与发卡涡的关系密切,尤其是发卡涡及其构成的涡包结构诱导周围流场产生喷射和扫掠事件对壁湍流雷诺应力的分布起了主导作用。深入了解发卡涡的形态特征及周围流场的动力学特性,对于人们深入认识湍流和进行湍流控制具有重要意义。

　　诚然,前人对湍流相干结构进行了大量的研究工作,采用的方法包括数值模拟、实验分析和流体动力学分析等,对发卡涡的存在均持认同态度。但通过实验手段定量地测量完整的三维发卡涡结构并分析其动力学特性在该领域还鲜有报道。一般而言,在真实湍流场中具有完整的典型发卡涡实际上很少,而且不易捕捉,因而通过实验手段直接对真实湍流场中典型发卡涡结构进行测量、提取和分析具有较大的难度。所以,为提取典型发卡涡结构并分析其动力学行为,在层流边界层中采用人工的方法制造典型发卡涡结构也不失为一种手段。

　　本章通过 Stereo – PIV 实验技术测量了合成射流装置在横流中产生的发卡涡结构,并对发卡涡的结构特征和动力学行为进行了研究。不仅能够对已有的发卡涡结构理论进行实验验证;也通过对实验数据的分析,发现了新的结构特征和潜在的研究方向。

4.2　人造发卡涡的主要生成方法

层流边界层中生成人造发卡涡主要有以下三种方法。

4.2.1　方法一:人为制造低速区来产生发卡涡结构

通过人为制造低速区得到发卡涡结构,是对湍流边界层中发卡涡生成机理的成功运用。实际上,早在 1987 年 Acarlar 和 Smith 就采用这种方法开展了对发卡涡的研究工作。其生成模型如图 4-1 所示。实验中,通过人工的方式在上游不断产生低速条纹结构,低速流体积聚震荡发展形成发卡涡结构,并向下游发展、传播。受发卡涡结构的诱导,在其下方近壁位置诱导产生两个反向旋转的二次准流向涡结构。

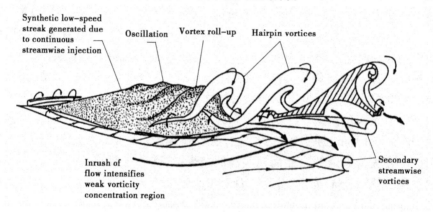

图 4-1　人造低速条纹产生发卡涡结构示意图

4.2.2　方法二:半球诱导生成发卡涡

1987 年 Acarlar 和 Smith 提出通过人造低速区产生发卡涡结构的同时,也对半球诱导生成发卡涡问题进行了研究。图 4-2 是在半球诱导下产生发卡涡结构的实验原理图。在层流边界层中,上游流体经过半球后发生绕流、产生扰动并在半球周围出现流动分离,在半球球面上出现强烈的剪切流动,继而发展成分离涡。半球下游局部区域是低速流体,产生负压梯度。相应地,该位置流向平均速度在法向上呈现梯度变化,受此影响,位于半球上部的分离涡强度继续加强并向外抬升。最终形成发卡涡结构。国内学者也对其开展了大量研究工作:2005 年,北京航空航天大学王晋军和丁海河用氢气泡流动显示技术对半球诱导形成的发卡涡结构进行了研究。2012 年,天津大学唐湛棋用 DMD 和 POD 技术对 2D - TRPIV 技术得到的这类发卡涡结构平面流场进行了分析。

4.2.3　方法三:人工射流生成发卡涡结构

在层流边界层中引入与自由来流方向垂直的射流,会在流场中产生涡环。涡环在边界层近壁流场的剪切作用下,被拉伸、抬升,进而形成发卡涡。Suponitsky 等对这一过程进行了 DNS 研究。图 4-3 是射流在边界层中发展形成发卡涡的过程,从左向右的三幅图分

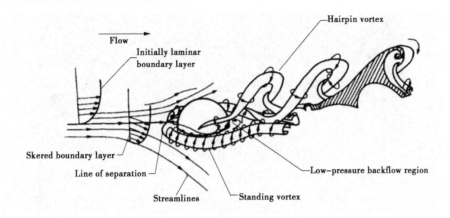

图 4-2　层流中半球扰动生成的发卡涡结构示意图

别代表了涡环结构在横流中运动的三个不同时刻。具体演化过程如下：在出口处形成典型的射流涡环；当与边界层流动相遇后，涡环沿流向拉伸并远离壁面向外抬升；随着向外发展，形成了具有展向涡涡头及两个反向旋转涡腿结构的发卡涡。

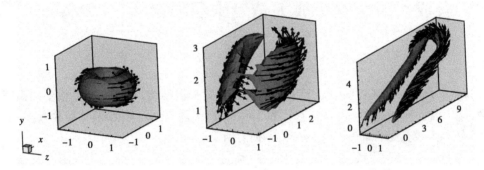

图 4-3　与来流垂直的射流在边界层中形成发卡涡的过程

图 4-4 是层流边界层中采用单孔合成射流方法生成的发卡涡结构流动显示图像。实验是在曼彻斯特大学 S. Zhong 教授的实验室进行的，实验设备部分请参看第 3 章对应内容。可见射流出口形成的涡环结构，遇到边界层内的横流，很快沿流向拉伸、并向外抬升，逐渐发展成典型的发卡涡状结构，在流向上形成发卡涡涡链结构。尽管流动显示方法已经可以较好地显示发卡涡的三维结构，但却无法定量得标度发卡涡结构内部的流动情况，因而通过实验的方法测量真实发卡涡的三维流场变得尤为重要。

以上三种方法是人工生成发卡涡结构的典型方法。总结来看，方法一和方法三需要人为控制流体进入边界层内，属于主动手段，实验控制装置也较为复杂；而方法二，只需要一个半球模型，即可产生发卡涡涡链，属于被动手段，实验中无需再加入控制装置。从产生发卡涡的频率来看，方法一在一定条件下可以产生较规则的发卡涡涡链结构，但其频率不易掌控；方法二生成的发卡涡结构一般拥有固定的频率，但不可控制；只有方法三可以实现对射流速度和射流频率的控制，进而影响到生成的发卡涡结构。本章实验测量的发卡涡结构就是通过在边界层中引入人工射流生成的，所用到的人工射流方法就是第 3 章中介绍的合成射流技术。

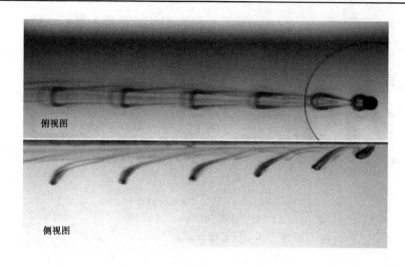

俯视图

侧视图

图 4-4　合成射流在层流边界层中形成的发卡涡结构

4.3　合成射流装置生成人造发卡涡结构

4.3.1　实验方案与分析方法

为测量合成射流装置在边界层中形成的三维发卡涡结构,PIV 实验必须要测出三个速度分量,因而只能选用 Stereo – PIV 和 Tomo – PIV 系统。而如何选取实验方案,会因 PIV 系统类型及其是否拥有高时间分辨率而有所不同。

对于 Tomo – PIV 系统而言,无论是否具有高时间分辨率,理论上均可瞬时测得完整的三维发卡涡结构。如果具有高时间分辨率,就可以测得具有时间序列的三维发卡涡结构流场,并分析其动态演化过程。虽然 Tomo – PIV 在近壁测量上存在很大局限、在图像数据分析处理上也具有耗时长的缺点,但其测量后得到的众多瞬时三维三分量速度矢量场包含大量的流场信息,非常有利于研究发卡涡结构的空间动力学行为。

而对于 Stereo – PIV 系统,在粒子图像分析处理上较为快捷,对于近壁的测量也比 Tomo – PIV 更为准确。但因其仍是一种平面测量技术,这就意味着无法通过单次测量得到完整的三维发卡涡结构。如果是高时间分辨率的 Stereo – PIV 系统,就可以快速地扫描经过某一激光片发卡涡结构的多个断面,在此基础上依据"泰勒冻结假设"(Taylor′s frozen-flow hypothesis)将时间序列断面按照空间顺序排列,进而重构出整个发卡涡结构。而低频的 Stereo – PIV 系统只能通过锁相的方式,先对发卡涡生长周期中的某一个相位进行图像采集。采集完毕再采集下一个相位的流场情况,直至采集完所有选定的相位。图像数据处理完毕后,按照相位对瞬时速度场进行叠加平均。最终,按照"泰勒冻结假设"对锁相平均后的速度场依照相位顺序进行重构。因而无论何种方式,经 Stereo-PIV 测量分析得到的流动结构,并不能完全反映真实的流动结构,尤其对于那些非定常且变化剧烈的部位。同时,实验中相机一般拍摄发卡涡结构的法展向 $y - z$ 平面,而低频 Stereo-PIV 进行锁相实验时相位个数有限,相位间隔难以无限制地降低,因而其测得的结果在流向上的分辨率较低。如果用低频 Stereo – PIV 实验研究发卡涡结构在空间上的演化发展,需要选择多个流向位置分别进行全相位 Stereo – PIV 实验测量。

本章实验研究中采用的是低频 Stereo – PIV 系统。实验中,将一个发卡涡的生长周期按 24 个相位等分,即每隔 15°一个相位。为遍历整个周期,实验中需对发卡涡结构的展法向截面进行 25 个相位的图像采集工作。每个相位采集到的若干粒子图像先经 Insight 4G 软件处理后得到原始速度矢量文件,再经 C + + 自编程软件处理得到锁相平均后的速度场,最后将所有平均后的结果按照相位序列沿着流向重构,就构成了 Stereo – PIV 测得的单个周期三维发卡涡结构流场。合成射流装置的运动周期为 T,则相邻相位间的时间分辨率为 $T/24$。为得到一个合成射流运动周期内的三维流场,流向坐标应当将时间坐标转换为空间流向坐标。按照“泰勒冻结假设”,相位间隔时间与相干结构迁移速度的乘积可以看作流向上的空间分辨率。众所周知,边界层流动中近壁处流向平均速度梯度变化较大,射流所产生流动结构的迁移速度与当地平均速度也不一致。一般湍流边界层中将 $0.9\,U_\infty$ 作为流动结构的整体迁移速度,层流边界层中应该更低。本章主要研究发卡涡的结构形态和动力学特性,而经时间坐标转化得到的空间流向长度对所关心的问题并不敏感。为简便,这里以来流速度 U_∞ 与相位时间间隔 $T/24$ 的乘积作为流向上的空间分辨率,即 $\Delta x = U_\infty \cdot T/24$。本章在重构发卡涡三维结构时,将 25 个相位的平均流场结果按照时间序列进行倒序排列,得到一个周期 T 内的三维流场空间。同时,因为流向尺度的问题,最终结果均未对流场区域进行无量纲处理。图 4-5 是重构流场的方法示意图。

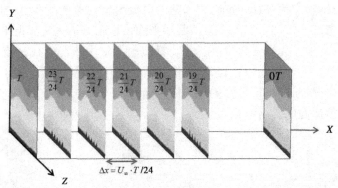

图 4-5　Stereo – PIV 平面流场重构三维流场示意图

4.3.2　实验设备

实验是在英国曼彻斯特大学航空航天与土木工程学院的低速循环式水槽实验室进行的。实验系统由合成射流装置、低速循环水槽、Stereo-PIV 系统等三大主要部分组成。

4.3.2.1　合成射流装置

本章实验用到的合成射流装置采用活塞激励的方式。图 4-6 是激励器的结构模型及位移传感器的安装位置示意图。激励器下端的连杆与合成射流装置的隔膜片紧密相连,因此电磁激励器振动时,连杆会带动隔膜片同步振动。位移传感器是在金属靶的配合下工作的:位移传感器固定在振动器的支架上,不随隔膜片移动;而金属靶则镶嵌在有机玻璃小圆盘上并固定在激振器的金属杆上,与隔膜片同步振动。工作前两者垂直对准并保持一定的距离,振动发生时测得的信号会及时回传到 Labview 软件界面上。位移传感器的测量范围为 0~2 mm。实验用位移传感器的电压－位移的标定曲线是线性的,由厂家直接提供。

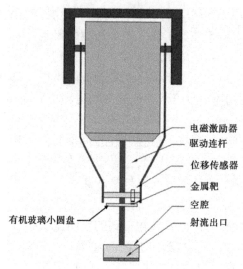

图 4-6　电磁激励器和位移传感器

电磁激励器
驱动连杆
位移传感器
金属靶
空腔
射流出口
有机玻璃小圆盘

实验中用到的合成射流空腔装置是一个长方形腔体,射流出口平面上有 5 个沿展向整齐排列的圆形孔口,射流孔深 5 mm,相邻两个射流出口的展向间距 $\Delta_z = 9$ mm。图 4-7 为实验用空腔装置的示意图。射流出口的圆形平面可以恰好嵌入边界层平板的圆形开孔中,并且两者的配合表面光滑无台阶。实验装置中边界层平板与合成射流装置固定在一起,整体可沿着水槽上方平行于自由来流方向的滑轨自由滑动,从而实现了在相机和片光源位置不变动的情况,对圆出口下游多个不同位置进行 Stereo – PIV 实验测量,进而可以分析发卡涡结构沿流向的发展演化。

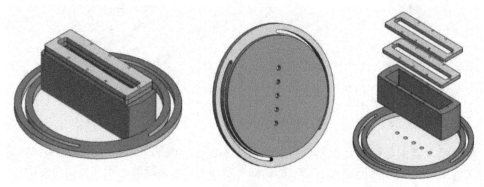

图 4-7　合成射流装置空腔结构的示意图

图 4-8 是长方形空腔结构合成射流阵列示意图,下面对其工况参数进行简单说明。W 和 H 分别是隔膜片的长度和宽度,也是长方形空腔沿射流方向截面的长和宽。Δ 是隔膜片的振动幅值。u_j 是流体流出腔体的这半个周期内射流的平均速度。在一个激励周期内,隔膜片挤压出流体的体积为

$$V = WH\Delta \tag{4-1}$$

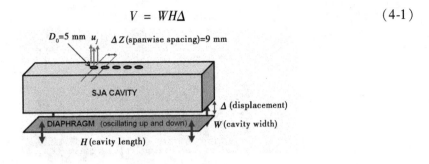

图 4-8　长方形空腔结构合成射流阵列示意图

如果假设空腔内的流体运动是不可压缩的,则合成射流装置单个出口单位时间内的体积流量为

$$Q_0 = \frac{Vf}{N} = \frac{WH\Delta f}{N} \tag{4-2}$$

式中,f 是合成射流装置中电磁激励器振动的频率;N 是出口数目,在本章实验中 $N = 5$。因此一个周期内,出口射流的平均速度为

$$u_j = \frac{Q_0}{\pi D_0^2/4} = \frac{WH}{5/4\pi D_0^2}\Delta f = \alpha_A \Delta f \tag{4-3}$$

$$\alpha_A = \frac{WH}{5/4\pi D_0^2} \tag{4-4}$$

式中,α_A 代表空腔截面积与出口总截面积的比值。另外,把射流出口平均速度 u_j 和自由来流速度 U_∞ 的比值定义为 VR,即 $VR = u_j/U_\infty$。α_A 和 VR 是研究边界层中合成射流问题的两个非常重要的无量纲参数。在本章实验中,长方形腔体长 $H = 100$ mm,宽 $W = 25$ mm,射流孔径为 $D_0 = 5$ mm,计算出 $\alpha_A \approx 25.5$。实验中电磁激励器振动的频率 $f = 2$ Hz,通过调节激励器的振幅 Δ 使得 $VR = 0.1$。

4.3.2.2　低速循环水槽与边界层平板

实验所用水槽已经在第3章中作出了相应介绍,在此不再赘述。实验中水的自由来流速度是 0.12 m/s,在距离水槽底面 31 cm 高度处,有一块长 1.38 m,宽 30 cm,厚 5 mm 的铝合金板材,其前缘进行椭圆形修型,作边界层平板使用。边界层平板上距离前缘 71.5 cm 处,开有圆孔,用于配合合成射流装置的射流出口平面。平板前缘不加扰动的情况下,沿板下表面自然发展成层流边界层。

4.3.2.3　Stereo-PIV 系统

实验中采用的低频 Stereo-PIV 系统,购自 TSI 公司,最高采集频率 15 Hz。主要包括照明系统(Nd:YAG LASER,200 mJ/pulse),双相机系统(2 352 pix × 1 768 pix)及同步控制系统(TSI Synchronizer 610036)。图 4-9 是合成射流装置控制生成发卡涡实验的 Stereo-PIV 系统布置示意图。激光片光经激光反射镜反射后,从水槽底面垂直入射。在测量速度剖面的 2D-PIV 流场实验中,激光片光源照亮流法向 $x-y$ 平面;在测量三维发卡涡结构的 Stereo-PIV 实验中,激光片光源照亮法展向 $y-z$ 平面。实验时用的示踪粒子购自 Dantec 公司,平均粒径 5 μm。图 4-10 是三维坐标架上相机布置情况的示意图。依据

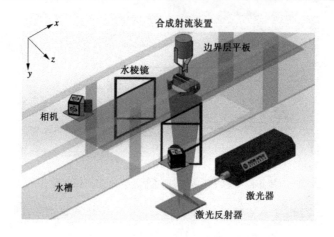

图 4-9　Stereo – PIV 实验系统布置示意图

Stereo-PIV 工作原理,实验中两相机分别布置于水槽的两侧,与被采集平面满足 Scheimpflug 原则。两个相机固定安装在三维立体坐标架上,通过软件控制步进电机伺服系统,可精准地实现两相机在三维空间的同步移动。因为相机的光轴与目标平面具有一定夹角,为避免光在气液界面产生折射,实验过程中分在水槽两侧各加装了一个 45° 的水棱镜,有效避免了光路偏折,保证了相机的成像质量。激光出光和相机采集图像是通过同步控制器协调同步,具体由 TSI 系统软件 Insight 4G 实现。

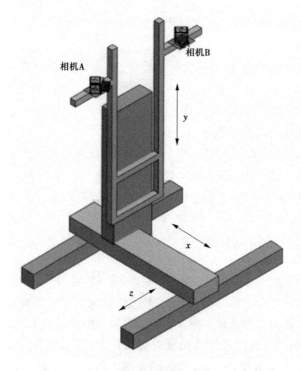

图 4-10　三维坐标架上相机布置情况的示意图

4.3.3　实验细节

实验中先对水槽中形成的层流边界层流场的平均速度剖面进行测量,用以验证基本流场。实验采用 2D – PIV 方案,简要介绍如下:激光片光源照亮平板边界层流法向 $x – y$ 平面,激光出光频率 5 Hz,相机在同步控制器的控制下采集粒子图像信息,相机曝光间隔为 1 000 ns,共采集 6 000 个粒子图像对。但受图像传输速度的影响,单组数据采样时间约 40 min。流场大小为 86 mm × 65 mm,两个方向的空间分辨率为 0.45 mm。对实验数据分析处理后得到了无量纲化后的层流边界层平均速度剖面(见图 4-11),可见流场基本符合要求。

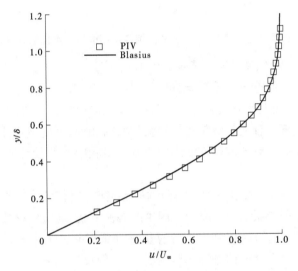

图 4-11　层流边界层平均速度剖面

在对基本流场验证的基础上进行了低频 Stereo – PIV 实验,按照既定的实验方案,实验过程中相位间隔为 15°,相机连续采集了 25 个相位的数据,遍历了发卡涡发展的整个周期。实验中采样频率 2 Hz,相机曝光时间间隔为 1 000 ns,测得法展向($y – z$)平面流场的大小约为 9 cm × 4 cm。每个相位采集的样本量为 600 个粒子图像对,采集整个周期的时间跨度约为 3.5 h。在控制参数 VR = 0.1 下,实验中选取了位于圆出口下游的三个不同测量位置:$x_1 = D_0 = 5$ mm,$x_2 = 3D_0 = 15$ mm,$x_3 = 5D_0 = 25$ mm。因对合成射流装置形成的发卡涡结构进行锁相 Stereo – PIV 实验仪器较多,流程比较复杂,下面对实验过程中的信号传递路径和相关组件进行阐述。

合成射流装置空腔结构的隔膜片通过激振器来实现振动,并由位移传感器来对其振动情况进行实时监控。数据采集(data acquisition,DAQ)卡可以产生和接收电压信号。实验过程中,DAQ 卡产生电压信号,激励器受电压信号驱动产生周期性振动。计算机可以通过 Labview 软件的虚拟实验室界面来控制所有的电子仪器设备。正弦信号的振幅 Δ 和频率 f 均可通过软件的虚拟界面单独设置。图 4-12 是实验中信号传递路径及所涉及的系统组件示意图,主要涉及三个信号传递过程。

(1)信号控制隔膜片振动流程如下:经由个人计算机上的 Labview 软件界面设定激励

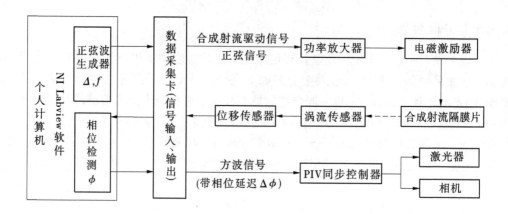

图 4-12　合成射流装置 Stereo – PIV 锁相实验中的信号路径和系统相关组件

器的振动参数(振幅 Δ、频率 f 等),指令经由 DAQ 卡产生用以驱动激励器振动的正弦信号。一般 DAQ 卡输出的电压信号较弱,难以直接驱动激振器,故而需要功率放大器将输出信号放大。经功率放大器放大后的正弦信号,驱动激励器作往复运动。与此同时,激励器振动时,下端的连杆与合成射流装置的隔膜片紧密相连,因此激励器的连杆会带动隔膜片同步振动,继而完成了对合成射流的人为控制。实验中的信号频率 $f = 2$ Hz,调节振幅 Δ 直至满足 $VR = 0.1$。

(2)隔膜片实时振动情况反馈流程:激励器振动时,位移传感器与金属靶间发生相对运动,涡流传感器会记录振动中金属靶上产生的涡流变化,通过位移传感器转化成位移信号,最终被 DAQ 卡获取,再回传到个人计算机并在 Labview 软件界面上显示。在控制得当的情况下,输出信号和反馈信号的波形应当一致,但反馈信号所代表的隔膜片振动与输出的信号波形存在一定的相位延迟。

(3)采集具有特定相位的 Stereo – PIV 实验数据:在 Labview 软件界面上先设置相位参数用以修正输出信号和反馈信号的相位延迟。按照15°的相位间隔,再设定相应的相位参数,产生特定相位的方波触发信号。方波触发信号经由 Stereo – PIV 系统的同步控制器,实现对激光器和相机的同步控制,完成对该相位的粒子图像采集。因而,采集过程中隔膜片振动的相位和 PIV 系统的采集达到了同步控制。在此基础上,依次设置隔膜片振动周期的其他相位,完成对整个发卡涡结构的实验测量。

4.4　三维发卡涡结构流体力学特性分析

Stereo – PIV 实验数据经锁相平均并重构出的三维流场空间拥有 $25 \times 108 \times 235$ ($x \times y \times z$)个速度矢量,物理空间大小为 62.5 mm $\times$ 43.9 mm $\times$ 95.9 mm,三个方向上矢量间距分别为 2.5 mm、0.41 mm 和 0.41 mm。如前所述,流向上的矢量间距大小就是用锁相相位时间间隔与来流速度的乘积折算而成的流向空间分辨率。本节按照需要选取合适的空间大小进行分析,内容涉及全局流场分析、单个发卡涡结构锁相平均特征及流体动力学分析、单发卡涡结构沿流向的迁移变化等三项主要内容。

4.4.1　全局流场分析

图 4-13 是一个完整的合成射流周期内形成的发卡涡结构图。x 方向是自由来流方向,图中的 5 个圆圈所代表的是 5 个射流出口的位置,因为流动结构是相位重构的结果,因而射流出口的位置只在展向上有意义。本章将最中间的射流出口位置定义为展向上的零点($z = 0$)。涡结构辨识用到了 Q 准则,等值面是用 Q 值显示的涡结构,等值面上彩色云图标识的是流向涡量 ω_x 的大小。整个三维结构基本光滑,沿流向上也没有产生展向的错位,可见采取的实验方案较为可行,长时间的实验过程中对于相位的控制也较为准确。图 4-13 中在展向上整齐排列的五个发卡涡具有相同的结构。

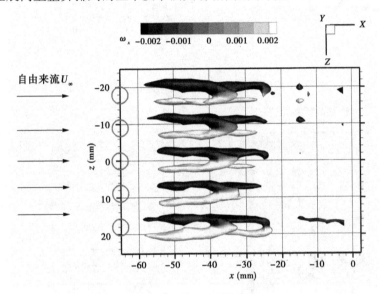

图 4-13　用 Q 值等值面显示的发卡涡结构(五射流出口)

(等值面上是关于流向涡量 ω_x 的云图)

图 4-14 ~ 图 4-16 是一个完整的合成射流周期内所形成流场的各个速度分量的空间分布及切平面显示图。从图 4-14(a)可以看出,五个射流出口在其下游形成了 5 个沿流向拉长的鼓包结构,即 5 个低速条纹结构,沿展向均匀排列。从展法向切片上的结果[见图 4-14(b)]看,高低速区域在展向上呈交替分布的趋势,且 5 个低速条纹结构间形成 4 个较明显的高速流体区域,并且在整体结构的外侧形成 2 个较弱的高速区域。与图 4-13 中的发卡涡结构的位置相对应,低速条带结构位于射流出口的下游,也就是同一个发卡涡的两个反向旋转的涡腿之间。而高速条带结构位于相邻两个发卡涡结构之间。

从法向速度三维空间二分量等值面的空间分布上(见图 4-15)看,法向速度沿展向呈正负交替分布的趋势。5 个射流出口下游有 5 个法向速度为正的区域被 6 个法向速度为负的区域所“裹挟”。图 4-16 是展向速度三维空间二分量等值面图。展向速度在展向上正负间隔分布,同时位于两侧的展向运动上方还有两个与之运动趋势相反的展向运动。这种现象在切片图[见图 4-16(b)]上更为明显,同时发现展向速度的空间分布呈双层分布的趋势。

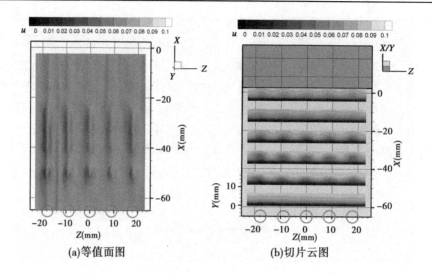

(a)等值面图　　　　　　(b)切片云图

图4-14　相位平均的流向速度空间分布(五射流出口)

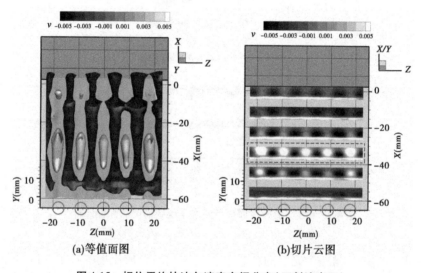

(a)等值面图　　　　　　(b)切片云图

图4-15　相位平均的法向速度空间分布(五射流出口)

可见,合成射流装置在层流边界层5个射流出口后形成发卡涡的结构特征十分明显,规律性很强。为了对发卡涡进行深入的研究,本节选取了最中间的发卡涡进行细致的分析研究。

4.4.2　单发卡涡流场的锁相平均特征

为从重构体中提取到单个发卡涡结构,选定立体空间的大小为: -60 mm $< x <-20$ mm, $0 < y < 6$ mm, -6 mm $< z < 6$ mm。图4-17是单个发卡涡三维结构的三视图,射流出口位于 $y=0$ 且 $z=0$ 的位置。在层流边界层中,流体流经合成射流装置的射流出口后,在其下游形成了一个完整的发卡涡结构,在流向上大致位于 -55 mm $< x <-35$ mm。发卡涡结构上浅色区域代表的是正向旋转的涡腿结构,深色区域代表反向旋转的涡腿结构。由于重构的三维空间流向上的分辨率较低,发卡涡的展向涡头结构没有被很好地识别出

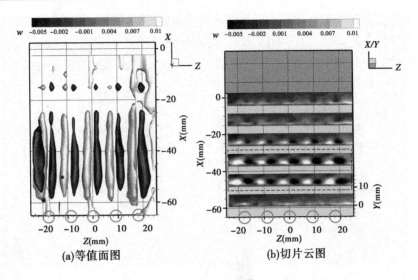

(a)等值面图　　　　　　　　　(b)切片云图

图 4-16　相位平均的展向速度空间分布(五射流出口)

来,俯视图[见图 4-17(c)]中深浅相间的位置存在发卡涡的涡头结构。从俯视图上还可以看到发卡涡结构的下游,还有一对反向旋转的流向涡(流向上大致位于 − 40 mm ＜ x ＜ − 25 mm)。侧视图[见图 4-17(a)]的结果可以反映出这一对流向涡位于发卡涡涡头的下方且尚未与发卡涡结构发生分离。Suponitsky 等对射流涡环横流运动的数值模拟工作中也发现了相同的现象。

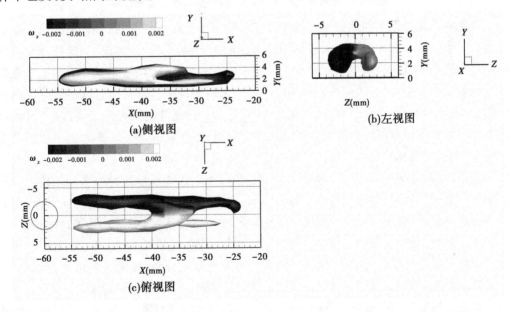

(a)侧视图　　　　　　　　　　(b)左视图

(c)俯视图

图 4-17　用 Q 值等值面显示的单个发卡涡结构(等值面上是关于流向涡量 ω_x 的云图)

图 4-18 ~ 图 4-20 是锁相平均重构后的单个发卡涡结构各个速度分量的空间分布及切平面显示图。从流向速度空间分布的等值面图 4-18(a)可以看出,在射流出口下游形成的低速条纹结构,流向上主要位于 − 55 mm ＜ x ＜ − 35 mm。并且位于发卡涡结构下游

的两个小的流向涡结构内部也有一个低速流体区域,但其强度明显弱于上游的低速流体。从展法向切片上的结果[见图4-18(b)]看,低速条带两侧均是高速流体。与图4-17中的发卡涡结构的位置相对应,低速条带结构位于射流出口的下游,也就是同一个发卡涡的两个反向旋转的涡腿之间。

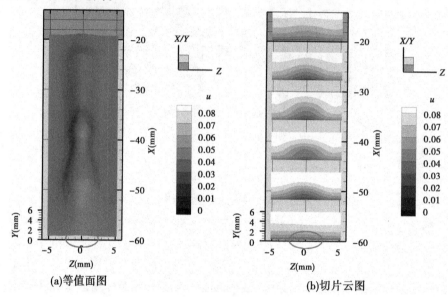

(a)等值面图　　　　　　　　　　　(b)切片云图

图4-18　相位平均的流向速度空间分布(单射流出口)

从法向速度三维空间二分量等值面的空间分布上[见图4-19(a)]看,射流出口中心下游有一个法向速度为正的区域被周围法向速度为负的区域所"裹挟"。这些拥有正法向速度的流动区域在流向上大致位于 $-50\text{ mm} < x < -35\text{ mm}$,与发卡涡在流向上存在的大致位置相同。换言之,展向中心下游位于发卡涡两个反向旋转涡腿之间的流体远离壁面向上运动。这种趋势在切片云图[见图4-19(b)]上表现得更为显著,例如 $x = -44\text{ mm}$ 附近的切片云图显示流体向外喷射的运动较为强烈,而发卡涡存在范围以外的区域,几乎没有明显的喷射运动。

图4-20(a)是展向速度三维空间二分量等值面图。图中反映出单发卡涡结构存在的区域有两个明显不同的展向运动。与图4-17中单个发卡涡的位置相对应,拥有负 ω_x 的涡腿结构一侧,流体的展向运动为正;而拥有正 ω_x 的涡腿结构一侧,流体的展向运动为负。从切片图[见图4-20(b)]上可以明显看出,等值面图[见图4-20(a)]中显示的展向运动均处于近壁区域。同时,展向速度的空间分布呈双层分布:相同展向位置处,上层的展向运动方向与下层相反。此外,在强度上、下层的展向运动起主导作用。

从流向涡量和法向涡量的空间分布(见图4-21和图4-22)看,与发卡涡的涡腿结构相对应,均存在两个符号相反的涡量集中区域。从切片云图上看,法向涡量的分布规律[见图4-22(b)]与等值面图[见图4-22(a)]所表现的基本一致,但流向涡量切片图[见图4-21(b)]上的每个流向涡的下面还会诱导出一个与之符号相反的二次流向涡或壁面强剪切区域。从展向涡量的分布图(见图4-23)看,在每个出口的下游均有一个负的展向

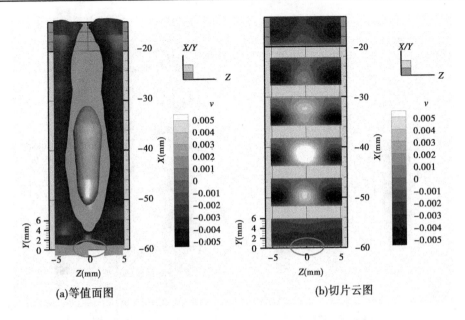

(a)等值面图　　　　　　　　　　(b)切片云图

图 4-19　相位平均的法向速度空间分布(单射流出口)

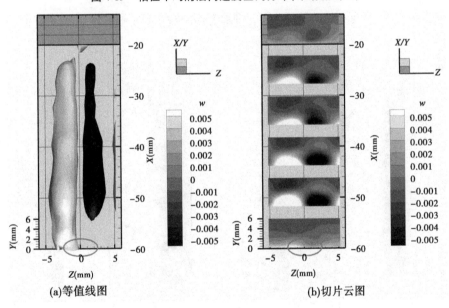

(a)等值线图　　　　　　　　　　(b)切片云图

图 4-20　相位平均的展向速度空间分布(单射流出口)

涡量集中区域。与发卡涡结构的位置对比,该位置并没有展向涡头结构,因此该结构可能是一个倾斜的强剪切区域。关于这一结论,将在下一节的讨论中予以验证。

4.4.3　单发卡涡结构的流体动力学行为

上节对单个发卡涡的锁相平均结构特征进行了分析,本节对单发卡涡结构的周围流场进行介绍。

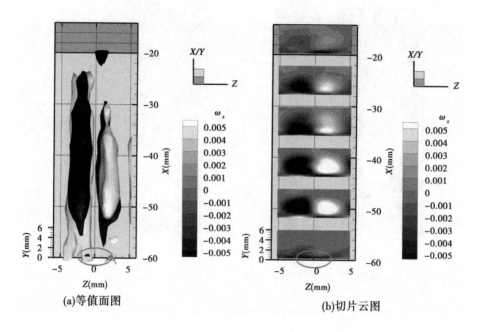

(a)等值面图　　　　　　　　(b)切片云图

图 4-21　相位平均的流向涡量空间分布(单射流出口)

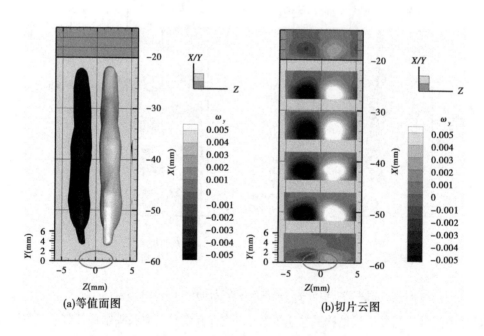

(a)等值面图　　　　　　　　(b)切片云图

图 4-22　相位平均的法向涡量空间分布(单射流出口)

图 4-24 是流法向 $x-y$ 截面 $z=0$ 上带速度矢量的展向涡量云图。这里的流向脉动速度是以发卡涡结构涡头的流向运动作为参考的。因合成射流工作原理的原因,出口附近的流动结构一定程度上都带有初始时刻或正或负的法向速度分量,而且进入边界层流场时间长短的不同,该法向速度分量也会发生变化。即相位不同,初始法向速度分量也会

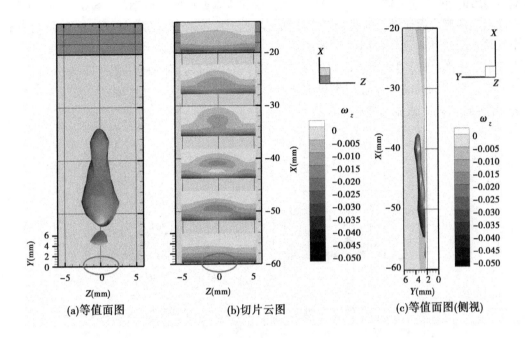

图 4-23   相位平均的展向涡量空间分布

不同。因而,本书只得保留这部分法向速度分量。图中虚线所示区域是负的展向涡量集中的区域,并且图 4-17 中没有与之相对应的发卡涡结构。从速度矢量上看,虚线区域上下两部分流体的运动方向发生明显变化,因此虚线所示区域是一个强剪切的区域。图中黑色圆点是流动滞止点的大致位置。强剪切区域的下方流体是低速流体,从速度矢量上看 $u' < 0$ 且 $v' > 0$,该区域发生喷射事件。而强剪切层外,尤其是滞止点上方区域流体,其 $u' > 0$ 且 $v' < 0$,发生扫掠事件。

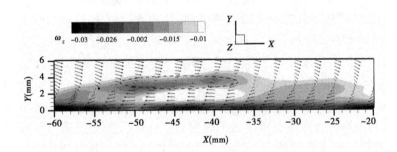

图 4-24   流法向截面上($z = 0$)带速度矢量的展向涡量云图

图 4-25 是四个带有速度矢量的流向速度云图,分别位于 $x = -55$ mm、$x = -47$ mm、$x = -38$ mm 和 $x = -30$ mm 的法展向 y - z 截面。由上节的分析已知, -55 mm < x < -35 mm 为发卡涡结构主要作用的区域,从图 4-25(a)~图 4-25(c)可以发现,截面流场展向中心线附近的流体向上运动的趋势逐渐变强。在 $x = -47$ mm 的截面上最为明

显:近壁面上的低速流体($u' < 0$)向中间汇聚并垂直壁面向上运动($v' > 0$),到达上部空间后向两侧缓缓流动。这种流动在平面流场上形成了两个反向旋转的涡旋运动。而两个涡旋运动的外侧,流体向下运动($v' < 0$),形成两个高速流体区域($u' > 0$)。换言之,发卡涡存在的区域,展向中心内部发生喷射事件(Q2 事件),而两侧发生扫掠事件(Q4 事件)。在 $x = -38$ mm 的平面流场仍有相似的趋势。而发卡涡存在区域之外位于 $x = -30$ mm 的平面流场上该流动规律已经消失。

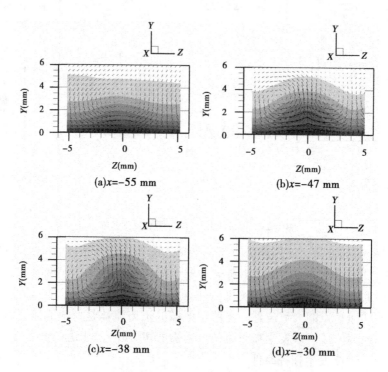

图 4-25　法展向截面上带速度矢量的流向速度云图

图 4-26 是三个带速度矢量的法向速度云图,分别来自位于 $y = 1.69$ mm、$y = 3.19$ mm 和 $y = 4.19$ mm 的流展向平面。从云图[见图 4-26(a)]上看,发卡涡所在区域展向中心处的流体有正的法向速度分量($v' > 0$),速度矢量显示流体从两侧汇聚,并向上游运动($u' < 0$)。而展向两侧位置具有两个明显的剪切层[见图 4-26(a)中白色虚线所示区域],位置上与流向涡量集中的区域相对应,因而它的形成与准流向涡或发卡涡涡腿结构密切相关。剪切层外侧的流体有负的法向速度($v' < 0$),速度矢量显示其向下游运动($u' > 0$)。随着法向位置的增高,剪切层逐渐向内收缩[见图 4-26(b)],并消失[见图 4-26(c)]。同时,发卡涡所在中心区域流体的喷射运动也逐渐减弱。

4.4.4　发卡涡结构向下游的迁移变化

为了研究发卡涡结构向下游的迁移变化过程,实验中对射流出口下游三个不同流向位置处($x_0 = 5$ mm、$x_0 = 10$ mm 和 $x_0 = 15$ mm)的三维发卡涡结构进行了测量。图 4-27 是从一个完整周期的流动结构中提取到的不同位置处的发卡涡结构。其中

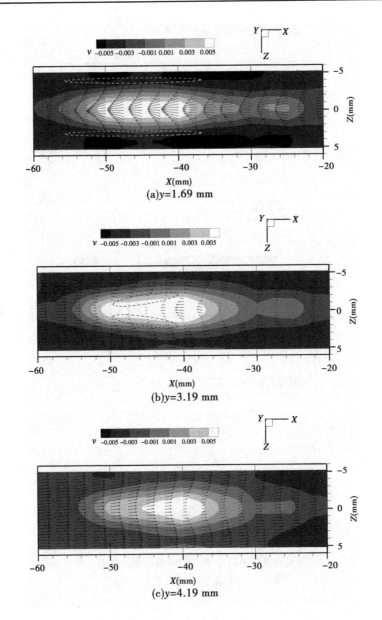

图4-26　流展向截面上带速度矢量的法向速度云图

图4-27(a)、(b)的等值面数值相同,图4-27(c)中等值面数值较前面二者小一个量级。可见随着距离出口距离的增加,完整的发卡涡结构强度逐渐变弱,到 $x_0 = 10$ mm 的位置只有两条涡腿结构可以识别,到 $x_0 = 15$ mm 的位置只能辨识两个比较模糊的涡腿结构。一方面原因是发卡涡结构向下游的迁移过程中,强度逐渐变弱;另一方面的原因是发卡涡结构与周围流场相互作用,结构变得更加复杂,为锁相平均重构出特征明显的流动结构,需要更多的样本数。

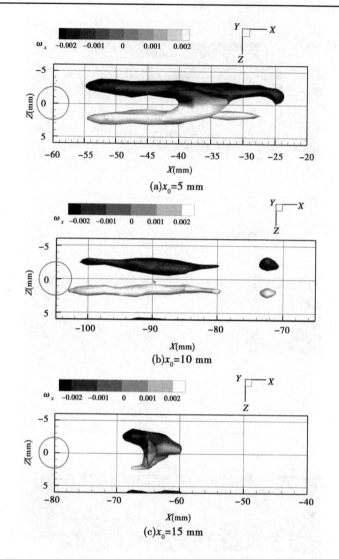

图 4-27　湍流边界层中用 Q 准则的等值面显示的单个发卡涡结构

（等值面上是关于流向涡量 ω_x 的云图）

4.5　本章小结

　　通过对合成射流装置进行合理控制,使得层流边界层中产生了规则的人造发卡涡结构,进而用 Stereo – PIV 技术对发卡涡结构的三维空间流场进行了实验测量。测量中将合成射流的整个运动周期等分为 24 个相位,并应用 Stereo – PIV 对每一个相位的法展向 $y – z$ 平面进行测量,得到了一定样本数的 2D – 3C 瞬时速度矢量场。速度场锁相平均后,按照"泰勒冻结假设"思想重构,得到了合成射流装置在完整运动周期内形成的空间流场。通过对全局流场、单个发卡涡锁相平均结构特征及其流体动力学行为、单发卡涡结构沿流向的迁移变化等内容的分析研究,得到了以下几点主要结论。

（1）由 Stereo – PIV 实验手段定量地测量多出口合成射流装置在边界层流场中形成的三维空间流场，并对三维发卡涡拓扑形态及动力学行为进行探索。实验得到的发卡涡结构较为完整、光顺，说明实验过程中合成射流装置运行平稳，对相位的控制也较为准确，整套实验装置具有较高的可靠性。

（2）在一个完整的合成射流运动周期内，五个射流出口下游形成五个展向上并排的发卡涡结构。整个三维流场空间，流向速度、法向速度和展向速度的锁相平均结构上均在展向上具有明显的周期性：同一个发卡涡结构的两个涡腿之间是低速条纹结构，也是法向速度为正的区域；相邻两个发卡涡之间是高速条带结构，并且五个发卡涡结构的两侧还各有一个高速流体区域，这些区域的法向速度为负。展向速度分布在展向上正负交替，并在法向上呈现两层分布的趋势。因为三维流场在展向上具有明显的周期性，因而为深入研究单发卡涡结构提供了可能。

（3）提取得到的单发卡涡锁相平均结构在流向上存在变化，其特征在发卡涡结构存在的区域最为明显。单发卡涡结构的法向涡量空间分布是一对在展向上符号相反且沿流向伸展的结构。展向速度和流向涡量锁相平均结构的空间分布呈现出较为明显的双层分布特性。主要的流向涡量结构是一对正负相反沿流向拉伸的结构，在这对流向涡量结构的近壁一侧又呈现出一对流向涡量集中区域。同时，在法向上这两对流向涡涡对的符号相反。

（4）通过对比研究合成射流装置所产生的发卡涡结构图，发卡涡的既有认识得到了实验验证：发卡涡存在两个反向旋转的涡腿结构。涡腿间夹杂着低速流体且流体的法向速度为正，即涡腿间发生喷射事件（Q2 事件）。两个涡腿间的下层流体向涡腿间汇聚，上层流体向两侧发散流动。发卡涡的涡腿还会在近壁诱导产生二次发卡涡结构。当然，还发现了一些特殊现象：发卡涡存在区域，涡腿间的喷射运动较涡腿两侧的扫掠运动更为明显。相比涡腿上层流体的"发散"流动，涡腿下层流体的"汇聚"流动起主导作用。展向涡量等值面图上所呈现的展向涡量集中区域，位于发卡涡的中心线上，后被证实是环境流体与发卡涡涡腿间的喷射流体相互作用形成的强剪切区域。本书第 5 章和第 6 章中对相关流场进行发卡涡结构的建模过程就是基于发卡涡、条带结构和喷射扫掠事件的结构特征及它们之间的相互联系。

（5）发卡涡在向下游迁移变化的过程中流动结构的强度会减弱，同时发卡涡反向旋转的涡腿结构仍然可以识别。对于发卡涡向下游迁移变化的研究不够理想，可能有两点原因：一是在发卡涡结构在向下游的发展变化中，相邻的发卡涡相互作用影响产生了更为复杂的变化；二是采集的样本数不足以用来分析该位置的流动结构特征。

第 5 章　高低速条带间隔区域的局部拓扑动力学模型

5.1　相干结构之高低速条带结构的重要性

发卡涡是壁湍流相干结构中的重要内容,对湍流的发展演化起着重要作用。结合第4章对发卡涡的实验研究及前人(Robinson,Acarlar 和 Smith,Adrian)对发卡涡及发卡涡包的认识,归纳总结出以下几点共识:第一,典型发卡涡结构是由展向涡头及两个反向旋转的涡腿组成的;第二,同一发卡涡的涡腿之间存在的低速流体区域发生喷射事件,相邻发卡涡的两个涡腿或单个发卡涡涡腿外侧是高速流体区域发生扫掠事件;第三,发卡涡涡腿间的喷射流体与周边环境流体间会产生一个倾斜的强剪切层,强剪切层上有流动滞止点存在;第四,沿着流向的发卡涡涡包内部形成具有一定流向尺度的低速条带结构。

近年,Giancarlo Alfonsi 指出深入理解涡旋结构与条纹结构关系以及发卡涡对条带结构发展变化的影响将是湍流研究的一个重要方向。本书第4章实验中五个射流出口在边界层中形成了5个低速条纹结构和6个高速流体区域,高低速条纹结构在展向上交替出现并规则排列。但在真实湍流边界中形成的条纹结构多是杂乱无章的,并不像第4章实验中展现得那样规则。Tang 等在湍流对数区的 $x-z$ 平面上发现的高低速条带结构在流向和展向上均呈现出交错排列的态势。人们对高低速条纹这种空间排布规律形成机理的研究还比较少,对湍流猝发事件以及发卡涡结构对高低速条纹的影响还不甚清楚。本章的主要内容,即运用 Tomo – PIV 测得的湍流边界层三维流场数据,对壁湍流对数区高低速条带间隔区域的局部流场进行提取,并对该复杂区域内条带结构、猝发事件和发卡涡结构在湍流非线性系统内的相互联系进行积极探索。

5.2　数据来源及实验细节

Tomo – PIV 实验是在代尔夫特理工大学(Delft University of Technology)低速回流式水洞中进行的,数据采集工作是由德国宇航中心、LaVision 公司和代尔夫特理工大学组成团队共同完成的。本章分析的瞬时 3D – 3C 速度场实验数据是由德国宇航中心的 Schröder 教授提供的,实验的具体细节已经在其相关研究中进行了详细的介绍,本节进行简要概述。

图 5-1 描述了实验用大平板和测量空间体的尺寸参数和位置。实验用湍流边界层平板的材质是有机玻璃,其长度为 2 500 mm,宽为 800 mm。为减弱流动分离,边界层平板前缘进行椭圆形修型。同时,为调节并得到零压力梯度的边界层流场,后缘连接可调节的襟翼装置。为加快得到充分发展的湍流边界层,边界层平板前缘下游 150 mm 处沿展向

固定一个锯齿形条带。水洞的自由来流速度 $U_\infty = 0.53$ m/s，实验测量区域（图 5-1 中下游灰色标识区域）的中心位于边界层平板前缘下游 2 090 mm，测量区域的边界层厚度 $\delta = 38$ mm，测量的三维流场区域大小为 63 mm×15 mm×68 mm（$x \times y \times z$）。基于动量损失厚度 θ 和自由来流速度 U_∞ 的雷诺数 $Re_\theta \approx 2\,460$。经过初步计算，壁面摩擦速度 $u_\tau = 0.021\,9$ m/s，对应的摩擦系数为 $c_f = 0.003\,45$。实验进行中对水温进行恒温控制，自由来流湍流度小于 0.5%。

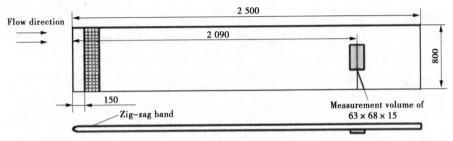

图 5-1　实验用大平板及空间测量体示意图　（单位：mm）

实验中用到的 Tomo – PIV 系统具有高时间分辨率，主要包括一套双腔泵浦高频 ND：YLF 激光器系统（最大脉冲能量为 25 mJ，最大激光脉冲频率为 1 kHz）和六台 Photron 公司的 CMOS 高速相机。其中五台相机按照 Scheimpflug 准则进行布置，用于 Tomo – PIV 实验，另一台用于 2D – PIV 校核速度剖面的实验，所有相机的全幅像素均为 1 024 pix × 1 024 pix。实验时，体激光平行于边界层平板并垂直于自由来流方向照射，激光脉冲频率为 1 kHz。流体中播撒的聚丙酰胺示踪粒子（平均粒径 $d = 56$ μm）被照亮并产生足够强的散射光。通过 DaVis7.3 软件界面，高速相机在同步控制器的控制下，对目标流场用相同的采样频率（1 kHz）采集了 5 组粒子图像信息，每组包含 2 040 张粒子图像，每组耗时 2.04 s。对实验数据进行处理的过程中，用局部三维互相关和多重体网格迭代进行空间三维重构，查询体大小为 32×32×32 = 32 768 voxel，体重叠率设置为 75%，最终得到具有 99 × 22 × 99 个空间测点的瞬时三维速度矢量场的空间分布。每个相邻测量点的间距为 0.687 mm，对应 15 个 WU（wall units，壁面内尺度单位）。通过对比在同一流场条件下得到的三维速度剖面和二维速度剖面，得知测量区域的法向位置范围为 $y^+ \approx 60 \sim 375$。

5.3　局部平均速度结构函数及拓扑方法

Tomo – PIV 得到的瞬时三维三分量速度矢量场中的流动结构是混乱无序的，而相干结构就湮没在这些信息之中。因而需要一种可靠、有效的技术来识别这些相干结构。在过去的半个世纪，研究者们提出来几种检测方法，比如变间隔时间平均法、象限分裂法、小波分析法以及线性随机估计法。Jiang 和 Liu 提出了用局部平均速度结构函数的方法来描述相干结构在二维平面的局部变形和相对运动。Yang 和 Jiang 将局部平均速度结构函数的应用拓展到了 Tomo – PIV 实验技术测得的三维立体空间流场，并结合这种方法用以检测相干结构。三维空间局部平均速度结构函数可定义如下：

$$\delta u_x(x_0,l) = \overline{u(x,y,z)}_{x\in[x_0,x_0+l]} - \overline{u(x,y,z)}_{x\in[x_0-l,x_0]} \tag{5-1}$$

$$\delta u_y(y_0,l) = \overline{u(x,y,z)}_{y\in[y_0,y_0+l]} - \overline{u(x,y,z)}_{y\in[y_0-l,y_0]} \tag{5-2}$$

$$\delta u_z(z_0,l) = \overline{u(x,y,z)}_{z\in[z_0,z_0+l]} - \overline{u(x,y,z)}_{z\in[z_0-l,z_0]} \tag{5-3}$$

式(5-1)描述了流向流体微元沿流向的局部拉伸[$\delta u_x(x_0,l) > 0$]与压缩[$\delta u_x(x_0, l) < 0$],其中,u 为流向速度分量,x_0 为多尺度变形流向上的中心位置,l 为空间尺度, $\overline{u(x,y,z)}$ 为中心位于 x_0 且具有尺度 l 的流向流体微元的流向速度分量。式(5-2)和式(5-3)描述了流向流体微元的局部剪切或旋转变形。此处定义的速度结构函数具有低通滤波的特性。通过这种方法,湍流流场中小尺度的混乱结构被移除在外,相干部分得以保留。经此,才可以恰当地识别空间中的相干结构。

相似地,法向和展向上流体微元的局部平均速度结构函数可以定义为

$$\left.\begin{array}{l} \delta v_x(x_0,l) = \overline{v(x,y,z)}_{x\in[x_0,x_0+l]} - \overline{v(x,y,z)}_{x\in[x_0-l,x_0]} \\[4pt] \delta v_y(y_0,l) = \overline{v(x,y,z)}_{y\in[y_0,y_0+l]} - \overline{v(x,y,z)}_{y\in[y_0-l,y_0]} \\[4pt] \delta v_z(z_0,l) = \overline{v(x,y,z)}_{z\in[z_0,z_0+l]} - \overline{v(x,y,z)}_{z\in[z_0-l,z_0]} \end{array}\right\} \tag{5-4}$$

$$\left.\begin{array}{l} \delta w_x(x_0,l) = \overline{w(x,y,z)}_{x\in[x_0,x_0+l]} - \overline{w(x,y,z)}_{x\in[x_0-l,x_0]} \\[4pt] \delta w_y(y_0,l) = \overline{w(x,y,z)}_{y\in[y_0,y_0+l]} - \overline{w(x,y,z)}_{y\in[y_0-l,y_0]} \\[4pt] \delta w_z(z_0,l) = \overline{w(x,y,z)}_{z\in[z_0,z_0+l]} - \overline{w(x,y,z)}_{z\in[z_0-l,z_0]} \end{array}\right\} \tag{5-5}$$

从流向上看,高低速条带结构沿流向交替排列。高低速条带的间隔区域,流向速度分量的脉动情况相反,即高速条带一端的脉动值为正,低速条带一端的脉动值为负。这表明,这些区域的流向流体微元一定存在局部拉伸或压缩变形。对高低速条带中心的检测函数如下:

$$D(l,b) = \begin{cases} 1\ (H) & u' > 0\ \&\&\ \delta u_x(x_0 - \Delta x,l) > 0\ \&\&\ \delta u_x(x_0 + \Delta x,l) < 0 \\ -1\ (L) & u' < 0\ \&\&\ \delta u_x(x_0 - \Delta x,l) < 0\ \&\&\ \delta u_x(x_0 + \Delta x,l) > 0 \\ 0 & \text{otherwise} \end{cases} \tag{5-6}$$

式中,H 为检测中心位置是高速流体且其上游和下游均是低速流体的流动结构,L 为那些低速流体位于检测中心并且其上游和下游均是高速流体的区域。因而,$D(l,b) = 1$ 表明上游的流体被拉伸,下游的低速流体被压缩;$D(l,b) = -1$ 表明上游的流体被压缩,下游的高速流体被拉伸。文中用条件平均技术来提取相干结构的空间拓扑形态:

$$\left.\begin{array}{l} \langle f(l_j,x)\rangle_{\mathrm{H}} = \dfrac{1}{N_j}\sum_{i=1}^{N_j} f(b_i + x),\ x\in\left[-\dfrac{l_j}{2},\dfrac{l_j}{2}\right],\text{while}:D(l_j,b_i) = 1 \\[14pt] \langle f(l_j,x)\rangle_{\mathrm{L}} = \dfrac{1}{N_j}\sum_{i=1}^{N_j} f(b_i + x),\ x\in\left[-\dfrac{l_j}{2},\dfrac{l_j}{2}\right],\text{while}:D(l_j,b_i) = -1 \end{array}\right\} \tag{5-7}$$

式中,$\langle\ \rangle$ 代表系综平均运算符;$f(l_j,x)$ 代表脉动速度和涡量等流场参数;N_j 是检测到的具有第 j 尺度的 H 或 L 条件事件的样本数;l_j 代表的是第 j 尺度的空间长度。

5.4　高低速条带间隔区域动力学特性分析

根据空间局部平均速度结构函数中的式(5-1)对 Tomo – PIV 得到的瞬时 3D – 3C 速度矢量场数据库进行分析处理,相继得到了四个不同尺度的速度矢量场。继而采用式(5-6)中定义的条件事件检测准则对所有第四尺度的速度矢量场进行检测,检测平面位于壁湍流对数律区法向高度约为 $y^+ = 120$ 的流展向 $x – z$ 平面上,检测完毕后得到了足量的事件样本点。为了获取与检测事件相关的空间相位平均拓扑信息,依据式(5-7)完成了对条件事件对齐叠加平均的过程。数据处理中,设定用于叠加平均的数据体空间包含 $32 \times 8 \times 32$ ($x \times y \times z$)个数据点,相当于 $480 \times 120 \times 480$ $(WU)^3$,检测中心位于选定数据体的底面中心。下面以 H 事件(高速条带结构)为例对其周围的空间拓扑流场进行分析和讨论。

5.4.1　局部流场拓扑结构及动力学分析

本节所关心的物理量包括流向脉动速度 u'、法向脉动速度 v'、展向脉动速度 w'、流向涡量 ω_x 和法向涡量 ω_y。下面对条件事件局部流场相关物理量的拓扑结构特征进行分析研究。

图 5-2 (a)、(c)、(e)分别显示了检测事件中心附近流场的流向脉动速度 u'、法向脉动速度 v' 和展向脉动速度 w' 的三维拓扑等值面图。图 5-2 (b)、(d)、(f)是对应脉动速度分量在特定截面的云图。如图 5-2 (a)所示,字母 A、B、C 所示区域代表高速流体区,D、E、F 所示区域为低速流体区。从图中可以很明显得看出,位于上游的高速流体区域 A 位于拓扑平均流场的底部中心位置,说明条件事件检测的准确。高速流体区域代表的高速条带结构 A 被其两侧的两个低速流体条带(E 和 F)和下游较大的低速条带(D)包裹起来。

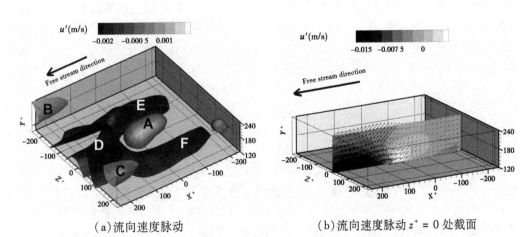

　　　　(a)流向速度脉动　　　　　　　　　(b)流向速度脉动 $z^+ = 0$ 处截面

图 5-2　条件平均的脉动速度三维拓扑结构图和特定截面的速度云图

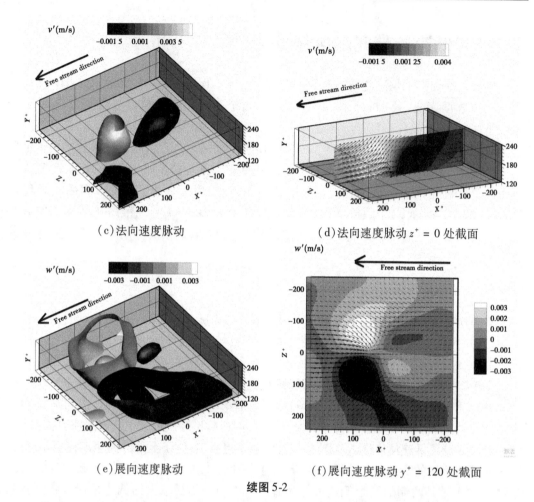

（c）法向速度脉动　　　　　　　　　（d）法向速度脉动 $z^+ = 0$ 处截面

（e）展向速度脉动　　　　　　　　　（f）展向速度脉动 $y^+ = 120$ 处截面

续图 5-2

　　从图 5-2（c）中法向脉动速度 v' 的三维空间拓扑结构来看，位于体空间展向中心上游的深色区域拥有负的法向脉动速度 v'，其位置对应着图 5-2（a）中高速流体区域 A；上游亮色区域的法向脉动速度 v' 的值是正的，与图 5-2（a）下游的低速流体相对应。为了使结果展示得更加直观，图 5-2（b）、（d）选取了 $z^+ = 0$ 的流法向截面，分别给出了流向速度脉动 u' 和法向速度脉动 v' 的等值面云图，并且图中均带有速度矢量信息。高速流体区域[图 5-2（b）中的亮色平面区域]的法向脉动速度 v' 为负[图 5-2（d）中的深色平面区域]。同时，低速流体区域[图 5-2（b）中的深色平面区域]的法向脉动速度 v' 为正[图 5-2（d）中的亮色平面区域]。这说明，上游的高速流体向壁面扫掠，发生了 Q4 事件；下游的低速流体远离壁面向上游喷射，发生了 Q2 事件。从图 5-2（b）中 $z^+ = 0$ 的平面结果已经得知，高速流体[图 5-2（a）中区域 A]和低速流体[图 5-2（a）中区域 D]在流向上交替出现。

　　从图 5-2（e）、（f）可以看出展向脉动速度 w' 的空间分布呈现出"四极子"式的结构，类似自然界中的"四叶草"。具体来看，上游和下游各有一对展向脉动速度 w' 符号相反的区域。与图 5-2（a）中高低速区域的位置相对照，上游高速流体区域的近壁区域，展向上的流体由中间向两侧流动；而下游低速流体区域的下部空间，展向上的流体向中间汇聚。因此，该区域流体的展向运动出现了展向上相反，上下游也不同的情况，并形成了"四叶草"式的结构。

图 5-3 是流向涡量 ω_x[图 5-3(a)]和法向涡量 ω_y[图 5-3(c)]的二分量等值面图,表现了各自的三维空间拓扑形态。与此同时,流向涡量 ω_x 和法向涡量 ω_y 的空间形态与高低速条带的对应位置关系也分别在图 5-3(b)、(d)中展现出来。图 5-3(a)中,流向涡量 ω_x 三维空间二分量等值面图所呈现出的拓扑结构,再次出现了"四极子"或"四叶草"式的形态特征。在展向中心线上,沿流向出现了两个流向涡对(图中标记为 Pair B 和 Pair A),每一对流向涡均拥有符号相反的 ω_x 值。从图 5-3(b)中所示的位置关系可以得到:在高低速条带的间隔区域存在两个反对称的流向涡对。涡对 A(Pair A)中间是低速条带[图 5-3(b)中 D 区域];涡对 B(Pair B)和高速条带[图 5-3(b)中 A 区域]有关。在法向涡量 ω_y 的二分量等值面图中,呈现了一个"六极子"式的结构[见图 5-3(c)],该结构是由三对法向涡对(标记为 Pair 1、Pair 2 和 Pair 3)组成的。每个涡对里的法向涡具有相反的符号。从法向涡量空间拓扑结构和高低速条带的位置关系看[见图 5-3(d)],每个法向涡对中间夹着一个低速条带:法向涡对 Pair 1 中间是低速条带 D,法向涡对 Pair 2 夹着低速条带 E,法向涡对 Pair 3 夹着低速条带 F。

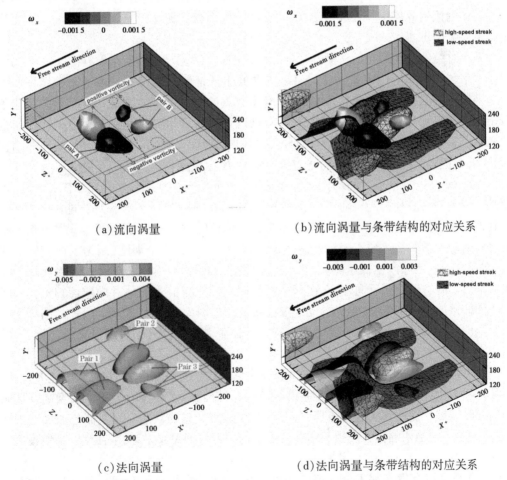

(a)流向涡量　　　　　　　　　(b)流向涡量与条带结构的对应关系

(c)法向涡量　　　　　　　　　(d)法向涡量与条带结构的对应关系

图 5-3　流向涡量和法向涡量的三维拓扑结构的二分量等值面图及与条带结构的对应关系

5.4.2 局部流场"三发卡涡"动力模型

高低速条带局部间隔区域的脉动速度和涡量的拓扑结构信息为寻求发卡涡和高低速条带之间的内在联系提供了有用的线索。这些基本特征总结如下：上游的两个低速条带汇聚并在下游产生了尺度更大的低速条带。扫掠事件和喷射事件在流向方向上相继发生，分别对应着一个高速条带和一个低速条带。在拓扑得到的空间体底部，流体在低速条带处向内部聚集，在高速条带处向两侧分散。比较流向涡量 ω_x 和法向涡量 ω_y 的空间拓扑形态，除了两个缺失的部分［图 5-3（a）中用两个虚线圈表示］，其他结构的位置均彼此对应。本章 5.1 节中对发卡涡的认识进行了归纳总结，并认为低速条带位于发卡涡两个反向旋转的涡腿之间。因而，有理由认为在该间隔区域存在三个发卡涡分别"骑跨"在三个低速条带之上。因而，流向涡量 ω_x 所呈现的四极子结构，法向涡量 ω_y 所呈现的六极子结构，三个发卡涡组成的涡包结构以及高低速条带结构之间存在着某种联系。

如前所述，发卡涡以很多形式存在，比如棍状、发卡状、马蹄状和 Ω 状等，但其产生本质并无区别。书中以典型的发卡状发卡涡为原型对相关结构进行阐述。尽管如此，本书并不否认湍流边界层中存在其他形式的发卡涡，也不否认典型发卡涡结构在湍流边界层中并不多见的事实。

基于总结的空间拓扑结构基本特征和假定的典型发卡涡形态，本章建立了一个动力学模型来解释这些拓扑结果，见图 5-4。在高低速条带流向间隔区域阐述条带结构和发卡涡结构关系的理想三维拓扑模型中，ABC 所代表的高速条带结构以 DEF 代表的低速条带结构与 5-2（a）中高速条带区域（ABC）及低速条带区域（DEF）是完全对应的。图中框架表示实验分析结果中叠加平均后的分析区域的大小。以图 5-3（c）中三对法向涡结构为原型，并把涡结构的流向涡量考虑进来，图 5-4 所示模型中建立了三个发卡涡结构（Pair 1，Pair 2，Pair 3），每个发卡涡结构又包含着两个反向旋转的涡腿。在对此"三发卡涡"模型进行阐述前，先声明如下：对于高低速条带的间隔区域，本研究既不关心同一低速条带上其他的发卡涡结构，也不探讨高低速条带的具体长度，只关注此区域发卡涡与高低速条带之间的动力学关系。位于流动下游的发卡涡（Pair 1）的两个涡腿，因为反向旋转的缘故，在涡腿间的区域产生低速流体，并向上游喷射。此外，发卡涡 Pair 2 的左侧涡腿与发卡涡 Pair 3 的右侧涡腿反向旋转，在两个涡腿间诱导产生高速流体并向壁面扫掠。在所分析的体空间内，底部流体展向脉动速度分布规律与图 5-2（f）相一致。目前的高低速条带间隔区域局部动力学模型作为一个"纽带"，对推测和实验结果进行了完美的阐述，验证了自身的正确性。

第 4 章中由合成射流装置产生的并排发卡涡结构强度基本相同，在展向上整齐排列，在其作用下生成的低速条带结构也是沿展向整齐排列，因而在流向上不会出现高低速条带的间隔区域。而在真实湍流流场中，并不存在如此理想的状态。真实湍流流展向平面上，高低速条纹结构的排布规律与本节所提出的动力模型关系密切，下面用两种假设进行阐述：

（1）假设没有发卡涡 Pair 3 或其强度较弱。则上游发卡涡 Pair 1 会与下游发卡涡 Pair 2 组成涡包结构，将低速条带 F 和低速条带 D 连接构成一个大的低速条带结构。受

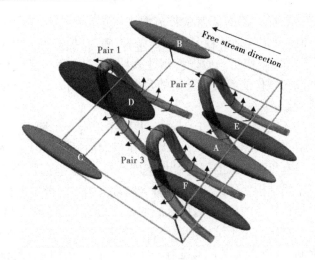

图5-4 高低速条带间隔区域发卡涡结构和条带关系的理想三维拓扑模型

中心高速流体 A 扫掠的影响,流向上大的低速条带结构在展向上产生偏折。因而,这种情况下,是低速条带的展向偏折使得流向上出现高速条带向低速条带的过渡转变。

(2)假设中间高速流体的扫掠作用较弱。则上游发卡涡 Pair 2 和发卡涡 Pair 3 会相互影响,向下游发展并有可能演变成发卡涡 Pair 1,在此情况下低速流体 E 和 F 会在下游融合成低速流体 D。因而,这种情况下,是上游相邻发卡涡结构相互融合造成高速条带向低速条带的过渡转变。尽管这两种假设的真实性仍需要进行系统的验证,但足见高低速条带间隔区域的局部动力模型对于人们理解高低速条纹结构的排布规律具有一定的意义。

5.5 本章小结

本章利用 Tomo – PIV 实验测得的湍流边界层瞬时 3D – 3C 速度矢量场数据库研究湍流边界层高低速条带流向上间隔区域的空间流场。实验流场下,基于动量损失厚度的雷诺数 $Re_\theta \approx 2\,460$。本章研究用空间局部平均速度结构函数的思想处理原始流场,并采用条件采样方法提取条件事件局部流场,最后利用叠加平均的手段得到三维拓扑流场结构。基于对数律区 $y^+ = 120$ 处高低速条带间隔区域脉动速度与涡量的空间拓扑结果,得到如下结论:

(1)空间局部平均速度结构函数可以很好地描述壁湍流中的多尺度相干结构的空间变形。

(2)喷射事件与低速流体密切相关,扫掠与高速流体密切相关。而且,在高低速条带的间隔区域,喷射事件与扫掠事件在流向上总是成对出现。

(3)通过实验的方法测得了"四极子"式结构与"六极子"式结构,这些拓扑信息预示着在高低速条带流向上的间隔区域存在着三对反向旋转的发卡涡控制着该区域流体的动力学行为。

(4)为了对获得的拓扑结构信息进行合理的解释,本章总结了典型发卡涡的结构特征,并以此为理论出发点,提出了高低速条带流向间隔区域的三维动力学模型,即"三发卡涡模型"。这个三维模型很好地解释了高低速条带,喷射/扫掠事件以及发卡涡三者之间的密切联系,起到了"纽带"作用。假设性阐述表明,由三个发卡涡组成的涡包结构在高低速条带流向的间隔区域扮演着十分重要的角色,并可以用来解释高低速条带在流向上间隔排列的物理机理。

　　本章工作还有一些不足之处。由于 Tomo – PIV 技术自身的限制,被测区域的厚度(在本实验中为法向高度区间)和空间分辨率均存在很大的局限。因此,对 3D – 3C 速度矢量场的处理结果并没有得到较好的展向涡量空间分布,亦没有通过合适的涡旋识别准则辨识出较完整的三维涡结构。因此,只能对各个物理量的空间分布进行分析,并基于对发卡涡周围流场空间拓扑特征的认识,对该区域的相干结构进行重构。另外,对流场进行长时间的粒子图像记录对研究相干结构的时空演化特性具有重大的促进意义。然而,由于测量系统内存的限制,该技术实现起来还有一定的困难。希望随着测试技术和图像采集系统的进步,可以实现长时间记录流场并使得分辨率达到 Kolmogrov 尺度,这将有助于研究壁湍流边界层流场内更多的流动细节。

第 6 章　超疏水壁湍流减阻机理研究

6.1　超疏水壁面湍流减阻的研究内容

　　湍流边界层减阻是壁湍流研究领域的重要课题。超疏水壁面减阻,作为一种被动的减阻方式,在水上运载工具、水下潜具及管道运输等方面具有较大的应用前景。随着材料科学、界面科学和微纳技术的发展和进步,超疏水壁面的制备手段获得了长足的发展,进而促进了超疏水壁面湍流减阻的研究。

　　本章以湍流边界层为研究背景,以 TR - PIV 技术为工具,对超疏水壁面湍流减阻进行了实验研究,具有以下内容:

　　(1)从湍流统计量角度,对两种对比工况的平均速度剖面、湍流度、壁面摩擦系数等进行分析,分析减阻效果;

　　(2)从相干结构空间拓扑的角度,对条带结构分布规律、发卡涡及发卡涡包形态特征等进行研究,分析超疏水壁面的存在对相干结构拓扑的影响;

　　(3)从相干结构向下游迁移变化的角度,探究相干结构的产生、发展和演化规律,并进一步分析超疏水壁面的存在对其造成的影响。

　　鉴于相干结构在壁湍流边界层内的重要作用,本章着重从相干结构的角度探究超疏水壁面的减阻机理。

6.2　超疏水壁面湍流减阻 PIV 实验介绍

6.2.1　实验设备及装置

　　超疏水壁面壁湍流减阻的实验研究是在天津大学流体力学实验室的开口式循环水槽中进行的。关于实验用水槽的介绍请见第 3 章。

　　实验用边界层平板是一块光滑的有机玻璃板,长 2.4 m,宽 0.39 m,厚 0.015 m。平板前缘进行 8:1 椭圆形修型,并在其前缘下游 8 cm 处布置一个直径为 6 mm 的绊线用以诱导产生平板湍流边界层。边界层平板在水槽中垂直于水槽底部布置,同时,为避免边界层平板产生的翼尖涡给壁湍流带来影响,平板前缘部分适当沿流向倾斜一个微小的角度(实验中约为 0.5°)。距边界层平板前缘 1 915 mm 的位置开有一个带台阶的通孔,大小为 280 mm × 280 mm。超疏水壁面平板和亲水壁面平板都可以完美组装在边界层平板上,配合形成的表面平整无台阶,而超疏水壁面湍流减阻的对比实验就是通过无差别地替换这两种不同壁面的平板来实现的。

　　实验中用到的 2D - PIV 具有高时间分辨率,可称为 TR - PIV。该系统的主要部件及相应的测量原理已经在第 3 章中给出介绍,本节将针对天津大学流体力学实验室的 TR -

PIV 系统做出进一步介绍。

　　实验中用到的光源系统由激光器、导光臂和片光源组合透镜组成。激光器是 Litron Laser UK 公司生产的 LDY DualPower 304 型 PIV 专用激光系统。图 6-1 是 TR – PIV 实验中用到的激光器实物图。该激光器是一种二极管泵浦双腔激光器,通过调节激光器品质因数 Q 值来触发产生 527 nm 的绿色激光束。具体原理是:激光器开启后,先保持激光谐振腔处于较低的 Q 值状态,谐振腔内粒子不断积聚,当粒子数积累到最大值时,Q 值阶跃升高,激光谐振腔内就会雪崩式地建立起极强的激光震荡,并在极短的时间内输出激光脉冲。双腔激光相互配合,产生激光脉冲的频率为 200 ~ 200 kHz,最大功率可达 150 W。激光导光臂的内部含有多个激光反射镜和转向节,可以对激光实现任意方向和角度的调节,实现高能激光束的全封闭传递。激光光路的搭建工作中采用导光臂,大大地降低了难度并提高了安全性。此外,将其与坐标架配合还可以在实验中实现对片光位置的调节。片光源组合透镜是柱透镜和球透镜的组合,用以提供片光的厚度及片光展角的大小。该套 PIV 系统的片光源组合透镜是激光头(位于导光臂最末端)内部最重要的光学部件,通过对激光头的调节可控制拍摄区域的片光厚度。

图 6-1　实验用高能双腔激光器

　　实验用相机是 Nano Sense 系列的 MKⅢ型高速相机,其实物图见图 6-2。该相机使用 CMOS 图像传感器,分辨率为 1 280 pix × 1 280 pix,拥有 10 位的像素分辨率。相机最大拍摄频率为 1 000 fps(frames per second),PIV 模式跨帧时间间隔可至 100 ns,适用于 TR – PIV 实验。实验中,相机可以按照需求安装在三角架或槽钢支架上,单次采集全画幅粒子图像 6 548 张(相机最大内存容量)。

图 6-2　实验用高速相机

　　实验中用到的示踪粒子是从 Dantec 公司购买的空心玻璃微珠(球形率大于95%,密度为 1.03 g/mm³,平均直径 20 μm),专门用于 PIV 实验,见图 6-3。本节实验用到的同步控制器是 Dantec 公司的配套产品,型号是 Timer Box 80N77,如图 6-4 所示。

图 6-3　实验用示踪粒子空心玻璃微珠

图 6-4　实验用同步控制器

6.2.2　TR - PIV 实验方案

　　湍流边界层中的相干结构都具有三维性,而通过 PIV 技术对流场中某一截面的测量,难以掌握流场中三维结构的主要特征信息。下面以发卡涡为例进行说明。从发卡涡的流法向对称截面上,可以对发卡涡结构的展向涡头、喷射和扫掠等猝发事件、倾斜的剪切层以及流动滞止点等内容进行分析。从发卡涡的流展向截面上,可以对发卡涡的高低速条带结构、反向旋转的涡腿结构进行研究。因而,用 PIV 技术深入研究超疏水壁面对壁湍流相干结构所造成的影响时,需要从流法向截面和流展向截面两个方向进行探索。

　　本章 TR - PIV 实验分为两个部分:流法向($x - y$)平面实验(见图 6-5)和流展向($x - z$)平面实验(见图 6-6)。

　　流法向平面的实验装置及布置如图 6-5 所示,激光片光源从水槽侧面窗口垂直照射边界层平板,照亮待测的 $x - y$ 平面。实验时互补型金属氧化物半导体(complimentary metal-oxide semiconductor, CMOS)相机固定在一个槽钢架上,从水槽上部垂直拍摄被激光照亮的流场区域。实验中相机在连续模式下拍摄,采集频率 $f = 200$ Hz,对超疏水壁面和亲水壁面两种工况均采集 3 组实验数据,每组 6 547 张粒子图像。为在近壁获得较高的空间分辨率,选取的测量区域大小为 56.6 mm ×41.1 mm($x \times y$)。对每一对粒子图像进

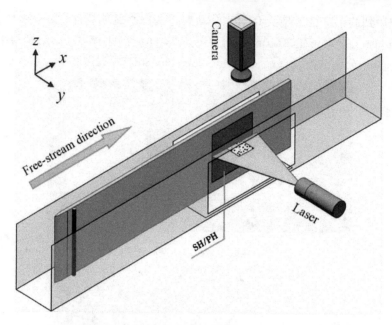

图 6-5　TR – PIV 流法向平面实验布置示意图

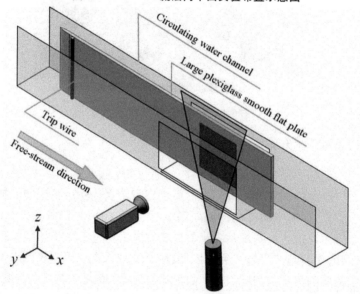

图 6-6　TR – PIV 流展向平面实验布置示意图

行互相关运算时的查询窗口设置为 32 pix ×32 pix,重叠率设为 75%,最终取得 175 ×125 =21 875 个速度矢量,矢量间的空间间隔为 0.358 5 mm。特别地,因为所选取的拍摄区域不足以覆盖整个湍流边界层,故而对于每种实验工况自由来流速度 U_∞ 的确认是通过另一组对比实验完成的。在测量自由来流速度的实验中,相机离待测平面更远,拍摄区域增大为 118.1 mm ×94.2 mm($x \times y$),除此之外,其他实验条件与之前所述完全相同,在此不再赘述。

图 6-6 是 $x - z$ 平面的实验装置图。激光片光源从水槽底部窗口入射,平行于边界层

平板照亮目标流场平面。相机从水槽侧面窗口对 $x-z$ 平面流场进行垂直拍摄。为了深入研究近壁相干结构,实验中选取了距近壁三个不同法向高度的流展向平面展开研究,每组拍摄 6 548 张粒子图像,经后期与 $x-y$ 平面所得速度剖面进行比较,这三个平面距离壁面的法向高度分别是 $y=3.55$ mm,$y=7.49$ mm 和 $y=11.43$ mm。对不同流展向平面的 PIV 测量,是通过激光片光沿水槽展向方向远离边界层平板实现的。整个实验过程中,相机与边界层平板的位置都没有变化,只是将相机的焦点重新调整到新的待测 $x-z$ 平面上。因此,三组实验中相机和焦平面的距离略有变化,故三个不同法向高度处流展向平面的测量区域的也不同。随着法向位置的升高,三个测量区域的大小分别是 104.1 mm × 83.0 mm,103.1 mm ×82.2 mm 和 102.6 mm ×81.8 mm。

6.3 相干结构的拓扑分析方法及显示手段

为了探究超疏水壁面对壁湍流相干结构(主要是发卡涡结构和条带结构)拓扑形态及其发展演化规律所造成的影响,湍流中的大尺度特征结构需要从大量样本的瞬时湍流场中准确识别、定位、提取、追踪、拓扑平均并最终用适当的方法展现出来。为此,本章涉及了多种数据处理方法,主要包括涡核辨识和显示方法、条件采样和拓扑平均方法、流场互相关算法。下面对相关内容进行介绍。

6.3.1 涡核辨识和显示方法

本章内容涉及了对涡旋结构的辨识,而湍流边界层瞬时速度矢量场中存在的涡旋结构具有多种尺度且排布杂乱,大量小尺度的涡旋结构的存在影响对大尺度的涡旋结构的判断和提取。为保证检测到的涡旋事件具有较大尺度并且一定程度上可以反映流场的运动规律,因而如何恰当地识别涡核和如何减弱小尺度涡旋结构产生的负面影响是最先需要解决的两个问题。

本书 1.1.3 节已述,涡量可以用来识别涡核区域,但在强剪切的区域会造成误判。这意味着在壁湍流的近壁区域,检测到的涡量集中区极有可能是一个强剪切区,而不是涡核所在位置。本书 4.4.3 节中,真实发卡涡会在流场中形成倾斜剪切层的相关内容,也充分说明了这个问题。将涡旋强度 λ_{ci} 准则应用于辨识涡核位置,已经被 Adrain 等证实是一个非常有效的方法。同时,在条件平均过程中相干结构的主要特征很容易受到大量小尺度结构的影响,因而对涡旋结构进行多尺度分析也很有必要。

Jiang 等在研究湍流相干结构时最先提出"多尺度分析"这一思想,并概括为空间局部平均速度结构函数理论,目前已被广泛应用于湍流相干结构的研究中。Tang 和 Jiang 最先将这种多尺度思想和涡旋强度 λ_{ci} 准则结合,完成了对涡旋结构的识别和提取,所识别到的涡旋结构包含尺度信息。在二维流场中,以 $x-y$ 平面为例,x 方向的空间局部平均速度结构函数可以表示为

$$a_1 = \delta u_x(x_0, l) = \overline{u(x,y)}_{x \in [x_0, x_0+l_0]} - \overline{u(x,y)}_{x \in [x_0-l_0, x_0]} \tag{6-1}$$

$$a_2 = \delta v_x(x_0, l) = \overline{v(x,y)}_{x \in [x_0, x_0+l_0]} - \overline{v(x,y)}_{x \in [x_0-l_0, x_0]} \tag{6-2}$$

同样,在 y 方向有:

$$a_3 = \delta u_y(y_0, l) = \overline{u(x,y)}_{y \in [y_0, y_0+l_0]} - \overline{u(x,y)}_{y \in [y_0-l_0, y_0]} \tag{6-3}$$

$$a_4 = \delta v_y(y_0, l) = \overline{v(x,y)}_{y \in [y_0, y_0+l_0]} - \overline{v(x,y)}_{y \in [y_0-l_0, y_0]} \tag{6-4}$$

涡旋强度 λ_{ci} 是速度梯度张量 J 所含复数特征值的虚部。对流向法向 $(x-y)$ 平面,这个速度梯度张量 J_{uv} 为

$$J_{uv} = \nabla \overline{U} = \begin{bmatrix} \partial u/\partial x & \partial u/\partial y \\ \partial v/\partial x & \partial v/\partial y \end{bmatrix} \tag{6-5}$$

实际上,局部平均速度结构函数也是一种形式的速度变形张量,于是,当 J_{uv} 包含了尺度信息后,又可以表示为

$$J_{uv} = \begin{bmatrix} a_1 & a_3 \\ a_2 & a_4 \end{bmatrix} \tag{6-6}$$

同理,展向涡量 $\omega_z = \partial v/\partial x - \partial u/\partial y$ 也可被定义为含有尺度信息的表达式 $\omega_z = a_2 - a_3$。由第一章有关涡辨识的论述已知,涡旋强度 λ_{ci} 的极值点可以准确标识涡核位置,但无法像涡量一样反映涡旋的旋向。因而将这两种涡旋识别方法结合起来用于检测涡结构有其必要性,文中用 $\lambda_{ci} \cdot \mathrm{sign}(\omega_z)$ 来区分 $x-y$ 平面上具有不同旋向的涡旋结构。

第三个需要解决的问题是:如何恰当地显示条件平均的涡结构和发卡涡涡包结构。Kline 和 Robinson 指出涡旋是涡量集中的区域,并且当以涡核作为运动参考中心时,涡核附近的流线应该呈圆形或椭圆形。基于这个定义,Adrain 等认为在显示涡结构方面伽利略分解(Galilean decomposition)要优于雷诺分解(Reynolds decomposition)。尽管如此,伽利略分解和雷诺分解有着各自的优势与不足。在 $x-y$ 平面,涡旋结构的平均迁移速度 $\overline{u_c}(y)$ 应是一个关于法向位置 y 的函数,在贴近壁面的位置甚至高于当地平均速度 $\overline{u}$。当迁移速度 U_c 与涡旋的迁移速度 u_c 相一致时,伽利略分解可以很好地反映涡旋结构的局部特征。然而,从全局角度而言,伽利略分解时,全场均减去了一个常数,因而分解后的流场中难以找到真实的背景流场信息。

这里结合了这两种速度分解方法来分析研究条件平均后的涡旋结构。对于一个特定法向位置的 $x-z$ 平面,因平均迁移速度 $\overline{u_c}(y)$ 也是一个常数,因而条件平均后涡旋结构的区域流场只需伽利略分解,即减去 $\overline{u_c}(y)$,就可使得流场既保留局部特有圆形流线特征又能保留背景流场信息。而在 $x-y$ 平面,单个条件平均后的涡旋结构需要两个步骤后才可以进行显示:第一步,对单个涡旋结构进行雷诺速度分解,保留背景流场信息;第二步,进行雷诺速度分解,即流场减去"剩余涡旋迁移速度" $[\overline{u_c}(y) - \overline{u}]$。而对于条件平均的发卡涡涡包结构,其中每个发卡涡都有其自身的迁移速度,整个结构也会发展变化,因而速度分解时只减去平均速度,保留尽量多的背景流场信息,即采用雷诺分解。经过这样的处理,发卡涡涡包结构的特征才得以呈现出来。

6.3.2　条件采样和拓扑平均算法

条件采样和拓扑平均方法是研究相干结构的重要方法,是提取相干结构主要特征的手段。条件采样的思想在 5.3 节中已有介绍,下面结合条件采样重点对拓扑平均方法进行讨论。根据研究内容的不同,本章应用的拓扑平均方法主要有三种类型,有的算法较为复杂,为了便于理解,下面以二维平面流场为例,从流场分析流程的角度,对三种方法由易到难地进行总结介绍。

6.3.2.1　条件事件局部流场区域拓扑平均算法

这种拓扑思想较为简单,目的是得到条件事件局部流场空间分布的主要结构特征。图 6-7 是该方法的处理流程示意图,图中实线方框区域代表全尺寸流场,虚线方框区域代表检测区域,五角星代表条件事件,小方框代表单个条件事件局部区域的瞬时流场。首先,依据条件事件检测准则,在全尺寸流场的检测区域对条件事件进行检测。其次,当检测到条件事件后,以此检测中心为中心,对局部区域瞬时流场进行提取。因为所提取的流场具有一定空间大小,故而检测区域要小于实际流场区域。最后,将所有提取到的、具有固定尺寸的瞬时流场以检测中心为原点,进行叠加平均。这样就得到了条件事件局部区域的拓扑平均流场。一定程度上,条件事件代表着相干结构的存在。以此为基础,开展对相干结构的空间拓扑形态的研究。

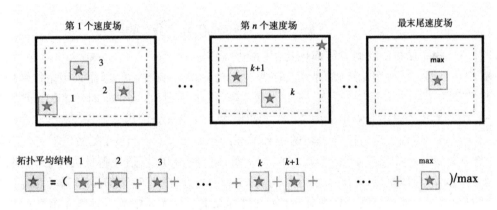

图 6-7　条件事件局部平均流场拓扑方法示意图

6.3.2.2　条件事件超尺寸拓扑平均流场

根据研究需要,有时需要对相干结构在背景流场的情况进行分析,而上一种拓扑平均方法,只能得到条件事件中心局部的拓扑信息,因而具有很大的局限性,为此本书开展了条件事件超尺寸拓扑平均流场的研究工作,其拓扑流程如图 6-8 所示。这里定义全尺寸瞬时平面流场的大小为 $H \times L$。所谓的超尺寸,是指拓扑平均后的流场区域大于原始的全尺寸瞬时流场。数据处理时,先设定一个大的二维数据空间,长宽均两倍于全尺寸流场,即 $2H \times 2L$,其坐标原点位于平面几何中心。条件事件检测过程与上一方法类似。提取流场时,需要将全尺寸流场以条件事件中心为原点进行坐标转换,然后将全尺寸流场叠加到设定的超尺寸空间区域。直至最末尾的瞬时速度场也检测完毕,超尺寸空间区域上的每一离散的堆栈点按照该点位置上的流场个数做平均,流场个数为 0 的叠加点上的相关物理参数均设为 0。这样就得到了最大 4 倍于原始尺寸的拓扑流场结构。显而易见,离原点(条件事件中心)越近的叠加点上用于平均的流场个数越多,平均效果也越好;相反,越远的流场区域拓扑结果得到的结构特征越不明显。因而,在研究相干结构在背景流场的拓扑结构和动力学行为时,可以按照实际需要对超尺寸拓扑平均流场进行选取。

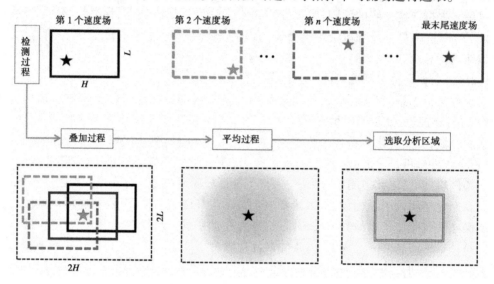

图 6-8 条件事件超尺寸平均流场的拓扑流程示意图

6.3.2.3 相干结构随时间发展演化规律的拓扑研究

相干结构的动态演化过程,是湍流研究中比较关心的一个问题,因而采用拓扑平均的方法实现这个目的具有重要意义。TR – PIV 得到的具有时间序列的瞬时速度矢量场数据库中,相邻流场的时间间隔定义为 Δt,则该数据库可以用来分析相干结构在特定时间 $n\Delta t$ 内的动态演化过程。这个拓扑平均的过程可以用图 6-9 表示。首先,在某一瞬时速度场(以图 6-9 中第 m 个速度场为例)中检测到了条件事件,并以该条件事件为中心,提取条件事件的瞬时局部流场,并定义该瞬时为 t_0 时刻。然后,将 t_0 时刻的局部流场与 $t_0 + \Delta t$ 时刻的瞬时速度场做空间互相关分析(实现过程在下节 6.3.3 中进行具体介绍),其相关系数最大的位置即是条件事件在 $t_0 + \Delta t$ 时刻的中心位置。接下来,继续以此为中心,提取包含条件事件的局部流场区域,将 $t_0 + \Delta t$ 时刻的局部流场与 $t_0 + 2\Delta t$ 时刻速度场再次做空间互相关分析。因为瞬时速度场在流向上具有有限的尺度,同时,条件事件在向下游的迁移变化中一定会在某个时刻运动出流场边界。因此,互相关分析的这个过程也不会一直继续下去,需要谨慎选取一个时间边界 $n\Delta t$。对某一条件事件瞬时结构沿流向发展演化的研究也是以 $n\Delta t$ 为时间界限的。最终将所有时刻的局部流场以 t_0 时刻条件事件中心 (x_0, y_0) 为参考中心进行坐标转换,并依时间顺序排列。以上过程完成了对某一条件事件随时间演化过程的分析,但并不具有一般规律。因而还需对流场中其他条件事件进行检测,并对相应的条件事件按照上述过程完成随时间发展演化的研究工作。最终,将所有条件事件局部流场按照所处的时刻(t_0 时刻、$t_0 + \Delta t$ 时刻、$t_0 + 2\Delta t$ 时刻等)各自进行拓扑平均,再按照时间序列排列显示,就得到了条件事件所代表的相干结构随时间的发展演化过程。

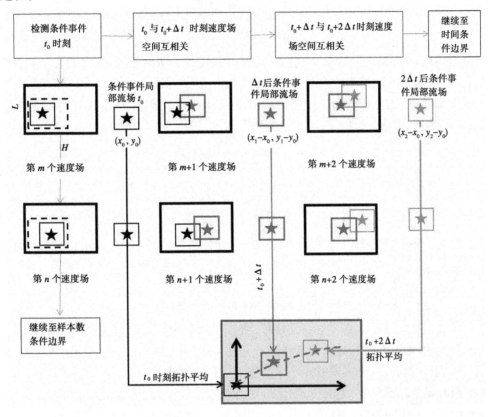

图 6-9　相干结构随时间发展演化规律的数据分析流程示意图

　　以上三种拓扑平均算法在某种程度上可以统一起来,然而实际应用时会根据不同的需求,采取相应的算法来减少数据处理时间。此外,这些拓扑平均算法并不局限于平面流场,可以推及三维流场用于分析三维相干结构的立体形态特征。需要注意的是:在边界层流场中,因为沿 y 方向存在较大的速度梯度,所以如果是研究 x-y 平面流场内的相干结构,一般检测事件的法向位置应该固定在某一确定的法向位置或设定一个非常小的变化区间,用以减弱 y 方向上速度梯度对条件事件周围流场拓扑结构的影响。

6.3.3　互相关算法与流场互相关

　　对相干结构随时间发展演化的拓扑方法中,用到了互相关算法,下面对流场互相关方法进行阐述。

　　互相关算法就是利用信号的波形来计算两个信号相似程度的方法,相关程度最大时的时间差即为两个信号的延迟时间。假设存在两个时间序列的信号 $f(t)$ 和 $g(t)$,二者的相关系数定义为两者乘积的积分与各自均方根的比值:

$$r = \frac{\int f(t)g(t)\,\mathrm{d}t}{\sqrt{\int [f(t)]^2\,\mathrm{d}t}\sqrt{\int [g(t)]^2\,\mathrm{d}t}} \tag{6-7}$$

由上式可知，$|r|\leqslant 1$。只有当这两种信号具有相同的初始相位，相同的波长时，$r=1$。一般而言，$|r|\geqslant 0.6$ 就说明这两种信号的相关性明显。

若这两种信号的波形初始相位不同，则设后者 $g(t)$ 对前者 $f(t)$ 具有时间为 τ 的延迟。通过变化 τ 值，反算两个信号的相关系数 $r(\tau)$：

$$r(\tau) = \frac{\int f(t+\tau)g(t)\,\mathrm{d}t}{\sqrt{\int [f(t+\tau)]^2\,\mathrm{d}t}\sqrt{\int [g(t)]^2\,\mathrm{d}t}} \tag{6-8}$$

相关系数最大时对应的 τ 值，即为两个信号的时间延迟。

通常对于一个特定的信号 $g(t)$ 或 $f(t)$，其分母 $\int [f(t)]^2\,\mathrm{d}t$ 和 $\int [g(t)]^2\,\mathrm{d}t$ 均是常数。为了简便，令：

$$H(\tau) = \int f(t+\tau)g(t)\,\mathrm{d}t \tag{6-9}$$

平面流场可以被看作是一个二维信号，所以可以利用互相关方法识别二维流场。若已知一个流场，则可以用它与未知流场进行互相关计算，计算出这两个流场间的相关偏差 μ。设定一个阈值 H，若位置偏差 μ 小于阈值 H，则第二个流场中包含了已知流场的信息。由于平面流场是二维信号，则需将式(6-9)进行改进。设流场一和流场二信号的函数表达式分别为 $f(x,y)$ 和 $g(x,y)$，其中 x 和 y 分别表示平面流场的流向长度和法向高度。沿 x 方向和 y 方向的位置变化分别是 Δx 和 Δy，则互相关因子为

$$H(\Delta x,\Delta y) = \iint f(x+\Delta x,y+\Delta y)g(x,y)\,\mathrm{d}x\mathrm{d}y \tag{6-10}$$

互相关因子 $H(\Delta x,\Delta y)$ 值的大小反映了两个流场间的相似程度，该值的大小还与流向长度 x 和法向高度 y 有关。为摆脱流场尺寸对互相关因子的影响，定义流场二对流场一的互相关偏差为

$$\mu(\Delta x,\Delta y) = (H_{xx}-H_{xy})/H_{xx} \tag{6-11}$$

式中，$H_{xx}=\max\left[\iint f(x+\Delta x,y+\Delta y)f(x,y)\,\mathrm{d}x\mathrm{d}y\right]$，$H_{xy}=\max[H(\Delta x,\Delta y)]$。互相关偏差 $\mu(\Delta x,\Delta y)$ 反映了流场二对流场一的相似偏差，其值越小，代表流场二对流场一的偏差越小，相似度越高。

由 PIV 得到的平面流场是离散信号，于是将式(6-10)改写为

$$H(\Delta x,\Delta y) = \sum_x \sum_y f(x+\Delta x,y+\Delta y)g(x,y) \tag{6-12}$$

PIV 得到的速度矢量场是有边界的。本节设流场一的流向长度为 x_1，法向高度 y_1；流场二的流向长度为 x_2，法向高度 y_2。互相关计算中，流场一相对于流场二的偏移过程如图 6-10 所示：

图 6-10 中，可视流场二位置不动，流场一从左下角逐渐偏移至右上角。令：

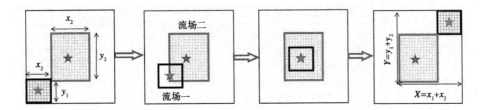

图 6-10　互相关计算中流场一相对于流场二的偏移过程

$$
\begin{cases}
X = x_1 + x_2 \\
Y = y_1 + y_2
\end{cases}
\tag{6-13}
$$

可以将流场二扩展为流向长度为 X 法向高度为 Y 的大流场区域,则有:

$$
\begin{cases}
H(\Delta x, \Delta y) = \sum_{\Delta x=0}^{X} \sum_{\Delta y=0}^{Y} f(x + \Delta x, y + \Delta y) g(x + x_1, y + y_1) \\
\quad\quad\quad\quad 0 \leqslant x \leqslant X, 0 \leqslant y \leqslant Y
\end{cases}
\tag{6-14}
$$

式中超出 $f(x,y)$ 和 $g(x,y)$ 定义范围的均取 0 值。

　　本节处理中,流场一为经过条件事件检测后提取到的局部瞬时平面流场。而流场二为 Δt 后的瞬时平面流场。因为间隔时间非常短,所提取到的相干结构一定会在下一时刻的流场上出现,其位置变化体现为在平面流场上的迁移运动,结构变化为流场结构自身的发展演化。因而两个流场进行互相关运算时,计算得出的相关偏差 $\mu(\Delta x, \Delta y)$ 一定具有一个极小值,相应地,$H(\Delta x, \Delta y)$ 具有一个极大值,而此时的 Δx 和 Δy 即为 Δt 时间内条件事件在平面流场上的位移。

6.4　超疏水壁面壁湍流相干结构特性分析

6.4.1　湍流统计量

　　表 6-1 给出了对比实验研究中,疏水壁面和亲水壁面湍流边界层流场的基本参数。U_∞ 是自由来流速度,PIV 测量误差不大于 0.3%。δ 是湍流边界层厚度,θ 是湍流边界层动量损失厚度,u_τ 是壁面摩擦速度。对应地,基于 δ 和 θ 为特征长度的雷诺数分别为 $Re_\delta = U_\infty \delta / \nu$, $Re_\theta = U_\infty \theta / \nu$,摩擦雷诺数为 $Re_\tau = u_\tau \theta / \nu$,均列于表 6-1 中,这里 ν 为运动黏度系数。$\tau_w = \rho u_\tau^2$ 是壁面剪切应力,$C_f = 2\tau_w / \rho U_\infty = 2u_\tau^2 / U_\infty^2$ 代表壁面摩擦系数。最终,减阻率通过 $DR = (C_{f,HP} - C_{f,SH}) / C_{f,HP} \times 100\%$ 计算得出。显然,如何准确地计算 u_τ 非常重要。然而,尽管经过多年大量的研究,如何准确地获取 u_τ 值依然是流体力学界公认的难题。Fan 和 Jiang 提出了一种通过拟合对数律得到壁面摩擦速度 u_τ 的方法,并进行了论证,如今已获得广泛应用。流向平均速度的对数律剖面可以表示为 $u^+ = A\lg y^+ + B$,其中 $y^+ = yu_\tau / \nu$。A、B 和 u_τ 可以在与壁面律拟合的过程中得到。最终,得到了约 11% 的减阻率。

　　图 6-11(a)是两种壁面条件下外尺度无量纲化后的流向平均速度剖面图。如前文所

表 6-1　　超疏水壁面和亲水壁面上湍流边界层流动参数对比

流动参数	超疏水壁面	亲水壁面
U_∞（m/s）	0.173	0.169
δ（mm）	68.5	67.0
θ（mm）	6.40	6.46
u_τ（mm/s）	7.834	8.005
Re_δ	13 918	13 299
Re_θ	1 300	1 282
Re_τ	630.3	629.9
$\tau_w[\,kg/(m \cdot s^2)\,]$	0.061 15	0.063 85
$C_f \times (10^{-3})$	4.003	4.491
DR（%）	10.9	—

述,实验中相机分别对这两种壁面条件的 $x - y$ 平面进行了两次不同区域大小的图像采集。大区域尺寸为 118.1 mm ×94.2 mm（$x \times y$）,小区域大小为 56.6 mm ×41.1 mm（$x \times y$）。因此,图 6-11 上共有四条不同颜色的散点曲线。外尺度无量纲的纵坐标为 $\bar{u}/U_\infty$, $\bar{u}$ 是 PIV 测得不同法向高度处的当地平均速度, U_∞ 是自由来流速度,在两种壁面条件下呈现出微小差别,是超疏水壁面减阻的表征之一。外尺度无量纲的横坐标为 y/δ,对于超疏水壁面而言 $\delta = \delta_{SH} = 68.5$ mm,而对于亲水壁面 $\delta = \delta_{PH} = 67.0$ mm。在两种壁面下,速度剖面线在法向位置 $y/\delta = 1$ 后均出现了"平台",说明大区域流场测量已经覆盖整个湍流边界层。在近壁区域,特别是 $y < 0.1\delta$,超疏水壁面的平均速度剖面线明显高于亲水壁面。

图 6-11（b）是两种壁面条件下内尺度无量纲化后的流向平均速度剖面。图中黑色实线为斯伯丁曲线（Spalding velocity profile）,满足：

$$y^+ = U^+ + e^{-kB}(e^{kU^+} - 1 - kU^+ - (kU^+)^2/2! - (kU^+)^3/3!) \qquad (6-15)$$

式中, $k = 0.41$, $B = 5.0$。摩擦速度 u_τ 为特征参数。从整体上看,超疏水壁面形成的对数律曲线向外侧抬升,这与湍流边界层被动减阻和主动减阻的基本特征相符。需要指出的是:在缓冲层及以下部分（$y^+ < 30$）,超疏水壁面 u^+ 的值总是大于亲水壁面的情况,这个趋势在黏性底层会更加明显。这些结果与 Min 和 Kim 的数值结果相一致,Hu 等的实验结果也体现类似的趋势。

通过对比图 6-12（a）流向湍流强度（$u'_{rms}/\bar{u}$）和图 6-12（b）雷诺剪切应力（$-u'_{rms}v'_{rms}/\bar{u}^2$）的剖面分布发现,超疏水壁面均出现了强度减弱的趋势。需要注意的是,图 6-12（b）中亲水壁面上雷诺应力沿法向分布的极值点 B 出现在 $y^+ = 14$ 左右,而超疏水情况出现在 $y^+ = 50$ 左右,呈现出一定的滞后性。因为雷诺应力峰值一定程度上反映壁湍流相干结构活动的强弱,因而有理由猜想超疏水壁面上壁湍流相干结构在法向上的发展也存在一定程度的滞后性,这一结论将在后面的章节里加以说明。

从图 6-12（a）上可以发现,整体上超疏水壁面上法向湍流度 $v'_{rms}/\bar{u}$ 弱于亲水壁面情

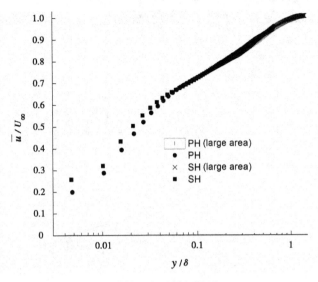

（a）外尺度无量纲结果

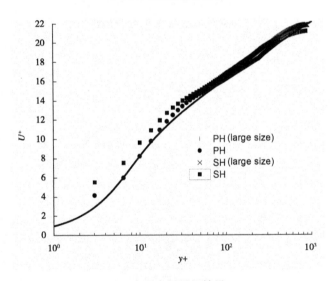

（b）内尺度无量纲结果

图 6-11　两种壁面情况下湍流边界层平均速度剖面对比

况,均体现出先增强后变弱的特点。然而虚线方框区域($y^+ = 20 \sim 60$)却不同,这个区域中超疏水壁面情况的法向湍流度曲线略高于对比组。Smith 等认为在近壁区域准流向涡比发卡涡更容易出现。流向涡和准流向涡的法向核心在壁湍流中的大致位置是 $y^+ = 20 \sim 40$。因而这种反常的现象和近壁区的准流向涡存在一定的联系。尽管无法通过实验的手段准确的测出展向滑移速度 w_s 和流向滑移速度 u_s,但它们确实存在。正如图 6-13 展示的那样,超疏水壁面上展向滑移速度 w_s 的存在增强了准流向涡的旋转,同时增强了展向速度脉动[见图 6-13(a)]和法向速度脉动[见图 6-13(b)]。这就是图 6-12(a)中虚框区域内法向脉动速度曲线出现一个"小鼓包"的原因。换言之,"小鼓包"的出现为

Min 和 Kim，Fukagata 等关于"展向滑移会增加摩擦阻力"的数值结果论断提供了实验依据。

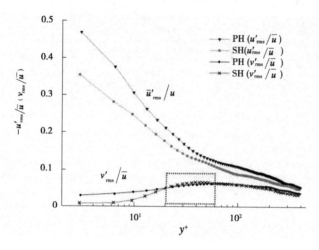

（a）流向湍流度（$u'_{rms}/\bar{u}$）和法向湍流度（$v'_{rms}/\bar{u}$）

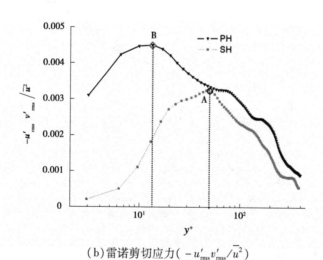

（b）雷诺剪切应力（$-u'_{rms}v'_{rms}/\bar{u}^2$）

图 6-12　两种壁面情况下 y 方向湍流度和雷诺应力对比

6.4.2　流展向 x–z 平面相干结构的拓扑结果

为了获取低速条带的拓扑平均结构，原始瞬时速度矢量场首先通过 Liu 和 Jiang 提出的多尺度思想进行处理，滤掉小尺度结构，处理后流场具有尺度信息。然后通过条件采样和条件平均的方法对大尺度的低速条带结构进行提取。对较大尺度低动量区的检测条件是：

$$\left.\begin{array}{c} u'_{x,z} < 0.75\bar{u} \\ u'_{X,Z} < u'_{X+1,Z}\&\&u'_{X,Z} < u'_{X-1,Z}\&\&u'_{X,Z} < u'_{X,Z+1}\&\&u'_{X,Z} < u'_{X,Z-1} \end{array}\right\} \tag{6-16}$$

式中，u' 是流向脉动速度，X、Z 分别是流场平面流向和展向的点坐标；$\bar{u}$ 是特定法向高度

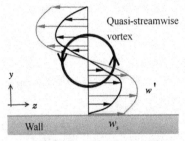

(a) 展向滑移速度增加阻力模型

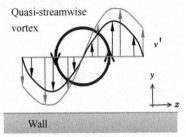

(b) 法向湍流度增加模型

图 6-13　超疏水壁面近壁法向湍流度增大的原理示意图

处 x-z 平面的平均速度。这里的门限值与 Tomkins 和 Adrain 研究中设定的一致,为 $0.75\overline{u}$。当把所有低速动量区域的事件条件平均以后,低速条带的大尺度特征被成功的提取出来,用到了 6.3.2 节中的第二种条件平均方法。

图 6-14 显示了 x-z 平面低速条带的条件平均结构。为体现出低速条带结构特征,所选取的门限值要高于式(6-16)中的检测标准,这里将速度低于 $0.9\overline{u}$ 的低动量区域定义为低速条带。通过检测和条件平均,得到了流向上有 157 个点,展向上有 125 个点的平均流场,区域大小约为 $1.6\delta \times 1.3\delta$。对于超疏水壁面 $\delta = \delta_{SH}$,对于亲水壁面 $\delta = \delta_{PH}$。为保证可比性,这里选取的低速条带的拓扑空间大小为 $1.0\delta \times 0.4\delta$,事件中心位于($x/\delta = 0, y/\delta = 0$)。实验中三个 x-z 平面法向高度按内外尺度分别作量纲分析后的结果列于表 6-2。

表 6-2　x-z 平面 PIV 实验中三个法向位置的量纲分析

法向高度(mm)	$y_1 = 3.55$	$y_2 = 7.49$	$y_3 = 11.43$
亲水壁面外尺度无量纲	$y_1/\delta_{PH} = 0.053$	$y_2/\delta_{PH} = 0.112$	$y_3/\delta_{PH} = 0.171$
超疏水壁面外尺度无量纲	$y_1/\delta_{SH} = 0.052$	$y_2/\delta_{SH} = 0.109$	$y_3/\delta_{SH} = 0.167$
亲水壁面内尺度无量纲	$y_{1,PH}^+ = 34$	$y_{2,PH}^+ = 71$	$y_{3,PH}^+ = 109$
超疏水壁面内尺度无量纲	$y_{1,SH}^+ = 33$	$y_{2,SH}^+ = 70$	$y_{3,SH}^+ = 106$

图 6-14(a)、(c)、(e)是亲水壁面上低速条带的分布情况,图 6-14(b)、(d)、(f)是超疏水壁面的情况。两种工况下,随着 x-z 平面法向位置的增加,低速条带结构的深色核心区域($u/\overline{u} < 0.75$)所示的极小值变大,说明低速条带的整体速度是随着法向位置的升高而逐渐接近主流速度的。真实流场中一条低速条带一般是在多个发卡涡的共同作用下产生、维持和发展的,而且很容易受到流场中其他结构的影响在流向上产生弯曲。所以,拓扑结构中低速条带的长度可以反映真实低速条带结构的长短,但并不意味着其尺度大小是完全正确的。

分析已知,雷诺应力随法向的分布[见图 6-12(b)],亲水壁面的雷诺应力极值点位于 $y^+ = 14$ 左右,而超疏水情况的雷诺应力极值点位于 $y^+ = 50$ 左右。从图 6-14(a)、(c)、(e)中可以看出:随着法向高度的增高(从 $y^+ = 34$ 到 $y^+ = 71$,再到 $y^+ = 109$),亲水壁面上低速条带的长度在雷诺应力极值点后逐渐变小。而超疏水情况[图 6-14(b)、(d)、(f)]则不然,随着法向高度的增高(从 $y^+ = 33$ 到 $y^+ = 70$,再到 $y^+ = 106$),条带长度是先增大后减小,在雷诺应力极值点后也是减小的趋势。因而,超疏水壁面上条带长度变化所

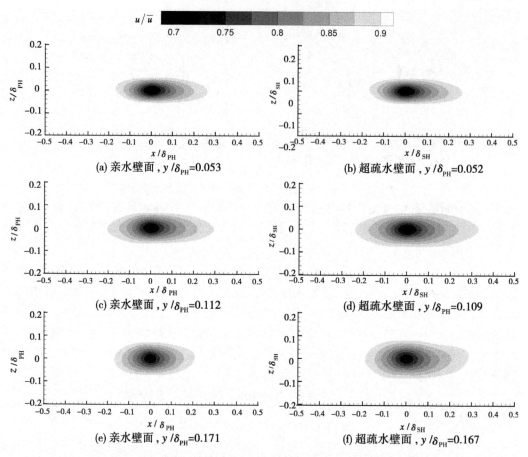

图6-14　三个不同法向高度处 x–z 平面上低速条带的拓扑结构

呈现出的滞后性恰好说明相干结构的滞后性一定程度上影响了雷诺应力分布并使后者也呈现出滞后性。

　　通过比较图6-14(a)和图6-14(b),发现在缓冲层附近超疏水壁面低速条带的尺度要小于亲水壁面上的情况,而且条带的强度也要稍弱一些,更接近当地的平均速度。从图6-14(b)~(f)的对比发现,超疏水壁面上的低速条带结构的流向尺度逐渐赶上并超过亲水壁面的情况,但是这个过程中条带的强度始终比亲水壁面的情况稍弱一些。然而,在相同的法向位置,超疏水壁面向上形成的条带宽度始终大于亲水壁面。为了确定条带的宽度并研究周边流场的其他拓扑信息,需要继续对相应平面上的涡旋结构进行分析。

　　在某一特定的 x–z 平面,不同相干结构呈现出来的迁移速度差异不再受法向高度的影响,这里将该平面的当地平均速度当作该法向位置处涡旋结构的平均迁移速度。图6-15是低速条带拓扑结构减去当地平均速度后得到的速度矢量场,表现的是低速条带结构附近涡旋结构的典型特征。因图6-15(e)、(f)的拓扑空间区域较大,故其速度矢量显示时采用了稀疏显示的办法。为了分析低速条带结构附近涡旋结构的典型特征,文中以亲水壁面在 $y_1=3.55$ mm 处的结构为例加以说明。图6-15(a)中的实心三角所示的位置为流动滞止点。避开滞止点向相反方向运动的两条流线,不仅呈现出两个反向旋转的涡旋结构,还勾勒出这一对反涡旋结构与周围流场之间形成的自由剪切层。条件平均结构与发卡涡两个涡腿结构相比展现出极大的相似性,图 6-15(a)中两个涡旋结构骑跨在中间低动量流体两侧。图中用实心圆点来标识正涡旋核和反涡旋核的中心,而两个涡核的展向间距(两个实心圆点之间的距离)被用来反映低速条带的宽度。在该情况下,低速条带的宽度为 $0.106\delta_{PH}$。在图 6-15(b)中,实心正方形用来标注超疏水壁面情况下的涡核位置。在该位置下,超疏水壁面的低速条带宽度为 $0.138\delta_{SH}$,明显大于亲水壁面的情况。

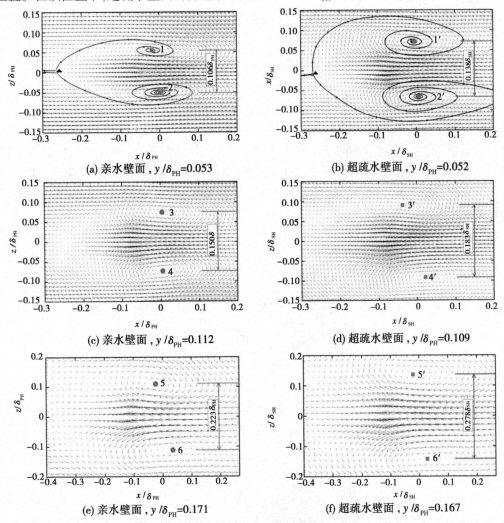

(a) 亲水壁面, $y/\delta_{PH}=0.053$　　　　　　　　　(b) 超疏水壁面, $y/\delta_{PH}=0.052$

(c) 亲水壁面, $y/\delta_{PH}=0.112$　　　　　　　　　(d) 超疏水壁面, $y/\delta_{PH}=0.109$

(e) 亲水壁面, $y/\delta_{PH}=0.171$　　　　　　　　　(f) 超疏水壁面, $y/\delta_{PH}=0.167$

图 6-15　低速条带附近涡旋结构的拓扑平均结果

在亲水壁面的情况[图 6-15(a)、(c)、(e)],随着法向位置的增大,两个“涡腿”之间的间距变大。相应地,两个反涡旋结构的尺度也会增长,同时涡旋结构的形状更圆。这些分析结果和对发卡涡的认识相一致。本书在近壁观测到的发卡涡展向间隔为 $0.106\delta\sim$ 0.223δ,这与 Tomkins 和 Adrain 认为的间隔范围($0.1\delta\sim0.4\delta$)相一致。超疏水壁面的结果[图 6-15(b)、(d)、(f)]与亲水壁面的情况遵从相同的变化规律,只是在相同的法向位置,两个反向旋转涡旋的展向间距都要大于亲水壁面的情况。

对于一个典型的发卡涡结构,涡腿的间距与发卡涡的自身尺度和发卡涡两个涡腿的张角大小都有关系。为了探究在两种不同壁面状况下发卡涡涡腿的张角变化,这里对发卡涡的单个涡腿进行分析。在 x-z 平面,法向涡的正负可以用来区分发卡涡的涡腿,这里以负的法向涡为例进行检测、提取和分析。结合了涡旋强度 λ_{ci} 和法向涡量 ω_y 的检测函数如下:

$$\left.\begin{array}{l} \lambda_{ci,X,Z} > 10\langle\lambda_{ci}\rangle \,\&\&\, \omega_{X,Z} < 5\langle\omega_y\rangle \\ \lambda_{ci,X-1,Z} < \lambda_{ci,X,Z} \,\&\&\, \lambda_{ci,X,Z} > \lambda_{ci,X+1,Z} \,\&\&\, \lambda_{ci,X,Z-1} < \lambda_{ci,X,Z} \,\&\&\, \lambda_{ci,X,Z} > \lambda_{ci,X,Z+1} \end{array}\right\}$$

$$(6\text{-}17)$$

式中,$\langle\,\rangle$ 是系综平均运算符;X、Z 分别是流场平面流向和展向的点坐标。

图 6-16 是条件平均后负的法向涡的流线图,位置是 $y_1 = 3.55\ \mathrm{mm}$。这里把过滞止点和涡核的连线与流动方向的夹角定义为涡腿张角的 $1/2$。它反映发卡涡涡腿与流动方向的偏斜程度。亲水壁面情况发卡涡涡腿的张角为 $14° \times 2 = 28°$,而远小于超疏水壁面下的涡腿张角 $32° \times 2 = 64°$。同时,从流线对涡核形成的包络线来看,亲水壁面情况基本被过涡核的流向线一分为二,而超疏水壁面情况则不同,流线在内侧(靠近低速流体区域)更为密集。这些实验结果,都说明较亲水壁面,超疏水壁面上形成的发卡涡两个涡腿之间具有更大的张角。

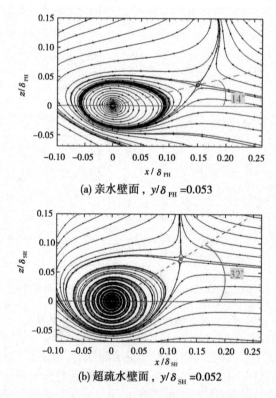

(a) 亲水壁面, $y/\delta_{PH} = 0.053$

(b) 超疏水壁面, $y/\delta_{SH} = 0.052$

图 6-16　x-z 平面上负法向涡拓扑平均结果的流线显示

6.4.3　流法向 x-y 平面相干结构的拓扑结果

为了研究两种壁面下发卡涡从壁面卷起后的发展情况,需要对某一特定法向高度处展向涡和发卡涡涡包在流展向平面的条件平均结构进行研究。识别某一法向高度 Y（法向位置的点坐标）处负的展向涡结构的检测函数为

$$\left.\begin{array}{l}\lambda_{ci,X,Y} > 10\langle\lambda_{ci,Y}\rangle \&\&\omega_{X,Y} < 5\langle\omega_{z,Y}\rangle \\ \lambda_{ci,X-1,Y} < \lambda_{ci,X,Y}\&\&\lambda_{ci,X+1,Y} < \lambda_{ci,X,Y}\&\&\lambda_{ci,X,Y-1} < \lambda_{ci,X,Y}\&\&\lambda_{ci,X,Y+1} < \lambda_{ci,X,Y}\end{array}\right\}$$

$$(6\text{-}18)$$

其中，λ_{ci} 是涡旋强度；ω_z 是展向涡量；X、Y 分别是流场平面流向和法向的点坐标；$\langle\ \rangle$ 是系综平均运算符。

图 6-17 和图 6-18 是两个不同法向高度处，两种不同壁面情况下单个展向涡结构的条件平均结构图。将展向涡结构与外界流场形成的倾斜自由剪切层与自由流流动方向的夹角定义为该展向涡的倾角，一定程度上反映与之相关的发卡涡结构的倾角。

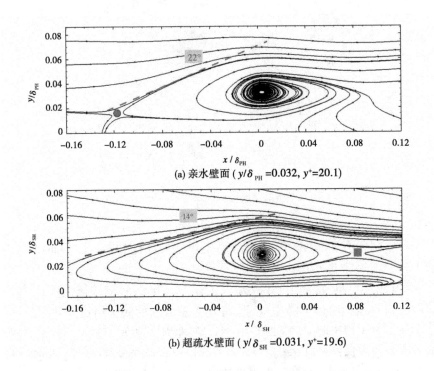

(a) 亲水壁面 ($y/\delta_{PH} = 0.032, y^+ = 20.1$)

(b) 超疏水壁面 ($y/\delta_{SH} = 0.031, y^+ = 19.6$)

图 6-17 $x - y$ 平面内单个展向涡的条件平均结构（检测中心位于 $y = 2.1\ \mathrm{mm}$）

图 6-17 是法向检测中心在 $y = 2.1\ \mathrm{mm}$（$Y = 6$）高度的拓扑结果。如图 6-17(a) 所示，据粗略测量，亲水壁面上展向涡的倾角为 22°，而超疏水壁面上展向涡的倾角明显小于亲水壁面的情况，为 14°［见图 6-17(b)］。随着法向位置增大至 $y = 15.4\ \mathrm{mm}$（$Y = 43$），超疏水壁面上展向涡的倾角增长为 43°［见图 6-18(b)］。对比亲水壁面上展向涡 45° 的倾角［见图 6-18(a)］，可见两种壁面情况下展向涡的倾角都会随着法向位置的升高而逐渐增长，最后倾角大小逐渐趋同。据粗略估计，在 $y < 0.25\delta$ 的法向范围内超疏水壁面上展向涡的倾角总是小于亲水壁面的情况。而根据第 4 章的相关内容，展向涡代表着发卡涡涡头结构，倾斜剪切层反映发卡涡的倾斜程度。因而，这些结果说明超疏水壁面上单个发卡

涡结构较亲水壁面倾斜角度小,结构有扁平的趋势。

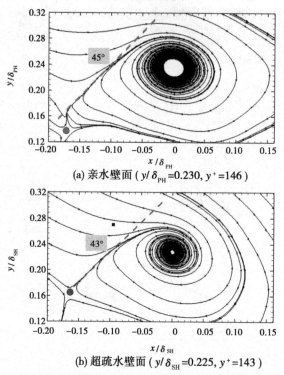

(a) 亲水壁面（$y/\delta_{PH}=0.230$, $y^+=146$）

(b) 超疏水壁面（$y/\delta_{SH}=0.225$, $y^+=143$）

图6-18　$x-y$平面内单个展向涡的条件平均结构（检测中心位于$y=15.4$ mm）

　　图6-19是超疏水壁面和亲水壁面上条件平均得到的发卡涡涡包结构的流线图,分析所选取的拓扑空间大小是$1.0\delta\times0.4\delta$,检测中心的法向高度为$y=6.4$ mm($Y_0=18$)。以亲水壁面上检测到的发卡涡涡包为例[见图6-19(a)],对发卡涡涡包的结构特性进行分析。从图6-19(a)中可见,检测中心($x/\delta_{PH}=0$, $y/\delta_{PH}=0.096$)周围流线围绕中心点环绕聚集,所在位置具有明显的展向涡旋运动,可视为发卡涡的涡头结构,图中标记为B。展向涡头的上游下方出现了明显的Q2事件,这与展向涡头和发卡涡两个反涡旋腿所包裹流场区域有强烈喷射运动的基本认识相一致。此外,除涡旋运动B外,在它的上游和下游,各有一个展向涡量聚集的区域(发卡涡的涡头结构),分别标记为A和C,各自的上游下方也出现了明显的Q2事件。

　　尽管流向尺度存在局限,流法向$x-y$平面上展现出的这三个涡旋运动仍旧勾勒出发卡涡涡包结构在平面流场的典型特征:涡旋运动在流向上顺次排列,并向下游迁移。涡旋运动下方对应的三个低速流体喷射的区域,构成一个贯通的低动量流体区域,也就是发卡涡涡包结构所包裹低速流体在二维平面上的显示。需要说明的是,用流线显示的三个涡旋运动中,位于两侧的涡旋运动(A和C)的形状并不像位于检测中心的涡旋运动B一样具有较完美的椭圆形状。这是由多种原因造成的:其一,在真实的瞬时流场中,即使在同一法向位置,不同发卡涡涡包内的多个发卡涡的流向间距也会在空间和时间上呈现出一些差异;其二,在真实的三维空间流场中,涡包内不同发卡涡在展向上的位置也会略有不

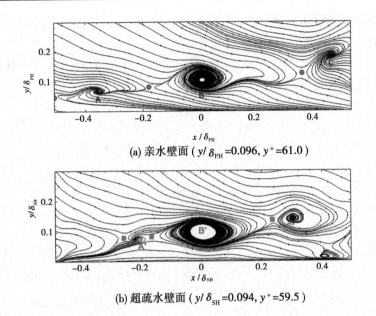

(a) 亲水壁面（ y/δ_{PH} =0.096, y^+ =61.0 ）

(b) 超疏水壁面（ y/δ_{SH} =0.094, y^+ =59.5 ）

图 6-19　条件平均的发卡涡涡包结构（检测中心的法向高度为 y =6.4 mm）

同,这意味着在同一流法向平面上进行条件采样时所得到涡量集中的位置在展向上会有所偏离;其三,条件平均的方法也会使得越靠近检测中心位置的流体运动越能体现出真实的流动特性。

为了研究两种不同壁面上所产生发卡涡涡包结构的不同,对发卡涡涡包的倾角和涡包内发卡涡之间的间距也进行了分析,见表 6-3。

表 6-3　发卡涡涡包内涡核位置及任意两个发卡涡间的倾角

表面类型		亲水壁面(HP)	超疏水壁面(SH)
A/A′中心位置	横坐标 x_A/δ	-0.36	-0.22
	纵坐标 y_A/δ	0.067	0.079
B/B′中心位置	横坐标 x_B/δ	0	0
	纵坐标 y_B/δ	0.096	0.094
C/C′中心位置	横坐标 x_C/δ	0.45	0.30
	纵坐标 y_C/δ	0.185	0.143
涡头 AB/A′B′连线与流向的夹角 θ_{ab}		4.6°±0.9°	3.9°±1.4°
涡头 BC/B′C′连线与流向的夹角 θ_{bc}		11.1°±0.8°	9.3°±1.1°
涡头 AC/A′C′连线与流向的夹角 θ_{ac}		8.3°±0.8°	7.0°±1.3°

前人对发卡涡的研究认为:发卡涡涡包是由三个及以上的发卡涡构成的,并假定在流法向二维平面上,展向涡头近似呈线性排列且与壁面方向形成一定的倾角。实际上,同一发卡涡涡包内的多个发卡涡在近壁面呈直线排列的假定是不严谨的,尤其是在近壁区域,同一发卡涡涡包内不同法向位置的发卡涡沿展向和法向的迁移运动比较复杂,很难呈线性分布。表 6-3 中列出了所有发卡涡涡头中心位置的横纵坐标并计算出同一发卡涡涡包内任意两个不同涡头与流动方向的夹角。θ_{ab} 代表直线 AB/A′B′ 与壁面形成的倾角,这里 a 和 b 分别代表涡旋运动 A/A′ 和涡旋运动 B/B′。以亲水壁面情况为例,倾角 $\theta_{ab}=4.6°$ 是通过以下公式计算得到的:$\theta_{ab}=\arctan(\Delta y/\Delta x)=\arctan[(y_b-y_a)/(x_b-x_a)]$,同理,$\theta_{bc}$ 计算结果为 11.1°。这说明在 $y/\delta<0.2$ 的近壁区域,发卡涡的抬升情况因法向高度的不同而出现差异,位于较高法向位置的发卡涡抬升得也较快。实验结果否定了前人提出的"涡包内所有发卡涡涡头排列呈线性排列"的观点。为了对这个大尺度运动的整体有一个认知,θ_{ac} 用来描述整个发卡涡涡包与壁面的倾角。亲水壁面上发卡涡涡包结构与壁面的倾角是 8.3°,略小于前人提出的 10° ~ 20° 的倾角。主要原因是本书研究的发卡涡涡包中心所在的法向位置高度约为 0.1δ,而前人的研究对象的法向高度略大于本书的情况,为 0.2δ ~ 0.3δ。

图 6-19(b)是超疏水壁面上条件平均的发卡涡涡包结构。从整体上看,超疏水壁面上发卡涡涡包结构的尺度要小于亲水壁面上的涡包结构。如表 6-3 所示,超疏水壁面上任意两个涡旋结构的流向间隔和法向间隔都小于亲水壁面上对应的情况。此外,从倾角上来看,θ_{ab}、θ_{bc} 和 θ_{ac} 也相应地减少 0.7°、1.8° 和 1.3°,减小百分数约为 16%。尽管不是特别显著,但发卡涡涡包结构与壁面的倾角有一个减弱的趋势。这些结果表明,超疏水壁面上发卡涡涡包结构在 $x-y$ 平面上也呈现出"扁平"的特征。

此外,表 6-3 中倾角的误差是根据最大可靠性估计给出的。在误差分析中,Δx 和 Δy 设定为 0.358 5 mm,即速度矢量场的最大分辨率。因为涡旋结构 B 的中心位置 (x_b,y_b) 即是检测中心,如果将其作为参考中心,实际上 Δx 和 Δy 的真实误差也许会更小。再者,对应的结构是从足够多的样本中平均得到的,而这些样本又是从 6 547 ×3 个瞬时速度矢量场中提取而来的。因此,表 6-3 中的倾角误差都是非常保守的估计。

6.4.4　相干结构在 $x-y$ 平面随时间的发展演化

本节对 $x-y$ 平面上不同高度处的展向涡量集中区域进行了检测、识别和提取,并对提取到的局部流场在时间上的发展演化进行了研究。中心事件的检测条件与 6.4.3 节中相同。

使用的拓扑平均方法为本章第 6.3.2.3 节中提到的方法,流场互相关算法请参见 6.3.3 节。所分析的具有时间序列的流场的时间间隔 $\Delta t=1/200$ s,研究迁移运动的时间跨度为 $30\Delta t$。初始 t_0 时刻展向涡量中心的法向高度和检测事件中心的法向高度相同,分别为 $y_0=1.023$ mm($Y=3$),$y_1=2.815$ mm($Y=8$),$y_2=4.607\,5$ mm($Y=13$),$y_3=6.4$ mm($Y=18$),$y_4=8.193$ mm($Y=23$),$y_5=9.99$ mm($Y=23$)。Y 是平面流场的法向点坐标。

图 6-20 是两种壁面情况下四个不同法向位置处检测到的展向涡结构向下游发展演化的拓扑平均规律。其中,左列[图 6-20(a)、(c)、(e)、(g)]为亲水壁面情况的结果,右

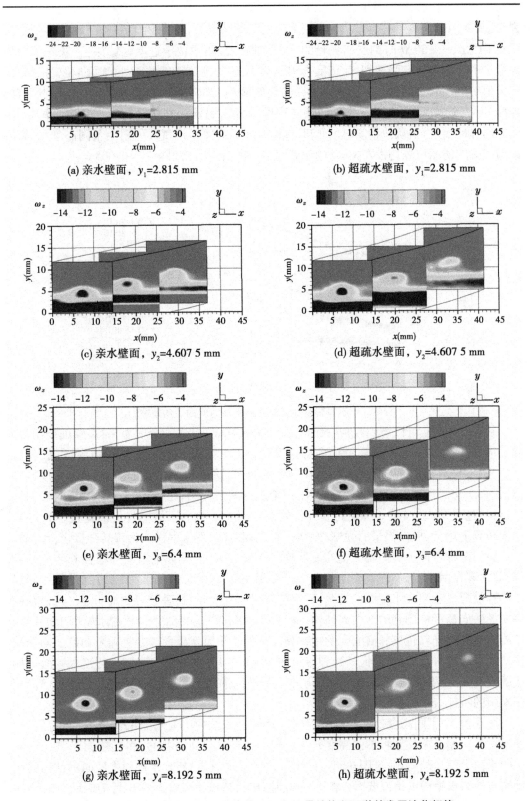

图 6-20 两种壁面情况下不同高度处展向涡量结构向下游的发展演化规律

列[图 6-20(b)、(d)、(f)、(h)]为超疏水壁面上的情况。任一图中的三个云图,显示的是 t_0,$t_0+15\Delta t$,$t_0+30\Delta t$ 时刻展向涡量的平面结构。云图中位于近壁区域深色"长条状"的涡量集中区域是近壁强剪切区,而展向涡量集中的"椭圆形"区域所处的法向位置一般高于强剪切层。除去近壁长条形的近壁强剪切区域和"椭圆形"的展向涡集中区域,其他暗色部分为"无涡区"。图 6-21 是不同法向高度处发卡涡涡头结构随时间变化向下游迁移情况的统计结果,是从拉格朗日的角度得出的涡头结构运动轨迹。图中不同高度处涡头结构的流向初始位置均设在 $x=0$ 的位置,相邻两点的时间间隔 $\Delta t=0.005$ s。

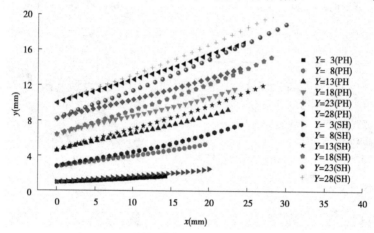

图 6-21　不同高度处展向涡结构随时间的运动轨迹

从图 6-20 中,可以看到两种壁面情况下,展向涡量(代表发卡涡涡头)在壁面上出现、卷起形成、向下游迁移并远离壁面向外抬升的整个过程。而且展向涡量集中区域(发卡涡涡头)的形状随法向高度的不同也在发生着变化,从最初的扁状凸起,逐渐演变成椭圆形,最终演化成近似圆形的结构。此外,无论从空间上(不同法向高度上检测到的展向涡量结构)还是时间上(某一法向高度处检测到的涡头结构向下游的发展演化过程),随着法向位置的增大,展向涡量的强度均变弱,与之相对应,发卡涡涡头的旋转强度也会变弱。

虽然两种壁面上展向涡结构的发展趋势并无二致,但具体细节上却存在着明显的差异,并体现在两点:一是同一法向位置处亲水壁面上初始时刻(t_0 时刻)检测到的展向涡量的强度要大于超疏水壁面的情况,并且随着时间的变化,这种趋势更加明显。二是在同一初始法向高度检测到的展向涡结构,在相同的演化时间 $30\Delta t$ 中,超疏水壁面上展向涡结构沿流向的迁移距离和沿法向的抬升高度总要大于亲水壁面。并且随着初始展向涡结构法向位置的升高,差异越大。这种趋势在图 6-21 中表现得更为明显。超疏水壁面上形成的展向涡头结构的强度较亲水壁面弱,且其向下游的迁移较快,这些都是超疏水壁面湍流减阻的特征表现。

图 6-21 中不同高度处展向涡结构的运动轨迹在法向上有重合的部分,以此为依据,通过调整初始流向位置将不同高度处涡结构的运动轨迹进行拟合,得到展向涡结构在流法向平面上的运动轨迹,见图 6-22。图中可以明显地看出,超疏水壁面上展向涡结构的运动轨迹较亲水壁面的情况要"陡峭"。在此基础上,迹线上某一法向位置前后两个时刻的位移变化与时间间隔作比值,就得到了该法向高度处涡结构的迁移矢量(包括流向迁移

速度 u_c 和法向迁移速度 v_c）。展向涡结构流向迁移速度 u_c 和法向迁移速度 v_c 随法向高度的变化情况见图 6-23。

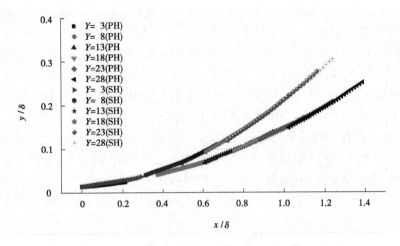

图 6-22　流展向平面上展向涡结构的运动轨迹

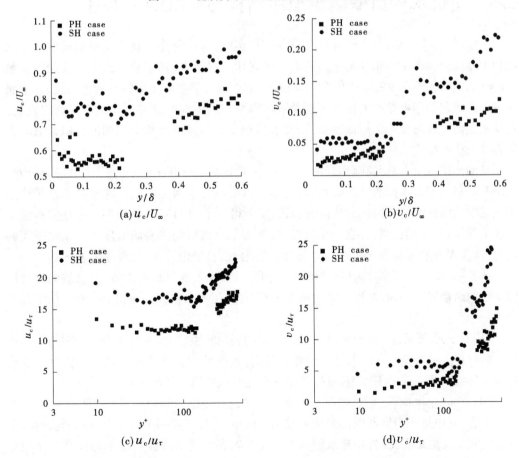

图 6-23　展向涡结构流向迁移速度 u_c 和法向迁移速度 v_c 法向分布规律

从图 6-23(a) 中外尺度无量纲的结果看,亲水壁面近壁区展向涡结构流向迁移速度 u_c 为自由来流速度 U_∞ 的 50% ~ 60%;从图 6-23(c) 中内尺度无量纲的结果看,流向迁移速度约为 $u_c/u_\tau = 12$。这些结果与 Kim 和 Hussain 的结果基本一致,其 DNS 的研究结果认为:流向迁移速度约为 $0.5U_\infty$,无量纲化后为 $u_c/u_\tau = 10$。可见近壁实验结果符合较好。而超疏水壁面近壁区展向涡结构的流向迁移速度为 $(0.7 \sim 0.8)U_\infty$,内尺度无量纲化后约为 $u_c/u_\tau = 17$。从图 6-23(b)、(d) 中可以得到:超疏水壁面上展向涡结构的法向迁移速度 $(v_c/U_\infty \approx 0.05, u_c/u_\tau = 1.2)$ 也明显大于亲水壁面情况 $(v_c/U_\infty \approx 0.025, u_c/u_\tau = 0.5)$。这些结果与云图结果(见图 6-20)和迹线结果(见图 6-21、图 6-22)相一致。

然而结果也存在一些不足之处。在图 6-23 中,展向涡结构的迁移运动规律除近壁规律性较明显外,远离壁面区域的数据点分布较为杂乱。说明当前的数据样本量用于分析展向涡的运动规律还远远不够,数据处理流程和拓扑平均算法还有待改进。即便如此,图 6-23 对比结果中所反映出的一般规律对于了解超疏水壁面对壁湍流相干结构的影响仍具有一定的参考价值。

6.5　超疏水壁面壁湍流拟序结构与减阻的关联性

本章基于 $x-y$ 和 $x-z$ 平面上的 TR – PIV 实验,对比研究了具有层级结构的超疏水壁面上壁湍流相干结构拓扑形态及发展演化规律。实验中,基于动量损失厚度的雷诺数 $Re_\theta \approx 1\ 300$。通过条件采样和拓扑平均技术,重点研究了壁湍流中的高低速条纹、发卡涡和发卡涡涡包等相干结构的拓扑形态及展向涡结构向下游的迁移运动规律。研究发现:超疏水壁面对壁湍流中的高低速条纹、发卡涡和发卡涡涡包等相干结构的影响显著。主要有以下主要结论:

从湍流统计量上看:超疏水壁面情况下,近壁区域($y < 0.1\delta$ 或者 $y^+ < 30$)的平均速度剖面明显高于亲水壁面,同时流向湍流度和雷诺应力也相应减弱。这些分析结果均是湍流减阻的明显特征。通过对比研究分析,实验得到了约 11% 的减阻率。在法向湍流度曲线 $y^+ = 20 \sim 60$ 的区域,存在一个反常的"鼓包",该区域的法向湍流度大于亲水壁面的情况,这为 Min 和 Kim 及 Fukagata 等提出的"展向滑移增阻"理论提供了实验依据。

从 $x-z$ 和 $x-y$ 平面上相干结构的拓扑形态(6.4.2 节和 6.4.3 节)以及展向涡结构向下游的运动规律(6.4.4 节),对比亲水壁面情况,超疏水表面上的相干结构有如下几个特点:

(1)在 $x-z$ 平面上,发卡涡两个涡腿结构的展向间距较大,并且单个发卡涡结构在展向上拥有更大的倾角。伴随着法向位置的升高,条件平均后低速条带结构的长度逐渐超过亲水壁面。同一法向平面上,低速条带的强度较亲水情况要弱一些。

(2)在 $x-y$ 平面,超疏水壁面上单个发卡涡拥有更小的倾角。从整个发卡涡涡包的角度上看,其中每一个发卡涡都保留了较小的倾角,并且任意两个发卡涡之间的流向间距和法向间距也更短。总之,超疏水壁面上三发卡涡涡包的结构拥有较小的尺度且结构更为紧凑,整体与流向的倾斜角度也较小。法向湍流度的分布说明超疏水壁面上近壁区域($y^+ = 20 \sim 60$)准流向涡的运动得到了加强。此外,超疏水壁面上的湍流度整体上看较小,说明相干结构的活动相对较弱。

(3)从 $x-y$ 平面上展向涡结构向下游的运动规律看:相同法向高度,超疏水壁面上展向涡量相对较弱,但展向涡结构向下游的流向迁移速度和法向迁移速度均明显大于亲水壁面,这是明显的减阻特征。

超疏水壁面可以影响壁湍流相干结构并产生减阻效果,为了能给出一个合理的解释,本书基于以上事实总结出超疏水壁面上两个相干结构的动力学模型。下面以亲水壁面情况为对照,对超疏水壁面上相关动力模型进行阐述。基于 Robinson 提出旋转结构模型,本书提出单个发卡涡形成阶段的理想模型,如图 6-24 所示。由于展向滑移速度的存在加速了缓冲层附近的准流向涡的旋转运动,进而增加了流体在展向上的不稳定性。于是,当单个发卡涡形成后,对比亲水壁面情况,超疏水壁面上发卡涡两个涡腿之间的间距变大,同时,流向滑移的存在使得发卡涡结构与流向形成的倾角较小。多个发卡涡发展并聚集成发卡涡涡包,图 6-25 显示了对应相干结构的变化。与亲水壁面情况相比,超疏水壁面内每个发卡涡的发展都继承了单个发卡涡发展中所呈现的特性。相应地,超疏水壁面上整个发卡涡涡包结构除在展向上的运动得到加强外,在 $x-y$ 平面上的展向涡头结构更为紧凑。具体细节参见发卡涡涡包结构的三视图[见图 6-25(b)~(d)]。在前视图[见图 6-25(b)]中,超疏水壁面上整体涡包结构的法向尺度要小于亲水壁面上的情况;在俯视图[见图 6-25(c)]中,超疏水壁面上的发卡涡涡包结构的流向尺度较小,另外涡包内发卡涡涡腿之间的展向间距也大于亲水壁面情况。从左视图[见图 6-25(d)]上看,超疏水壁面上的发卡涡涡包作为一个紧凑的整体,在向下游的发展演化过程中,在流向和法向上拥有更大的迁移速度。

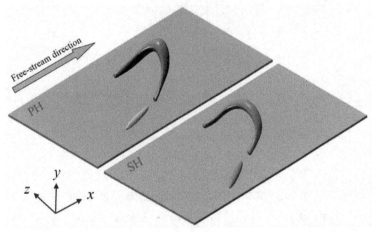

图 6-24　超疏水壁面对准流向涡及发卡涡生成阶段的作用模型

从条件平均的低速条带结构的结果来看,超疏水壁面上的条带长度会在 $y \approx 0.1\delta$ 的法向位置超过亲水壁面情况。为了研究更高法向位置处($y > 0.1\delta$)的发卡涡涡包结构,并与前人结果进行对比,本书试图得到法向中心高度在 $y = 0.2\delta \sim 0.3\delta$ 的发卡涡涡包结构。一般认为,在更高法向位置的涡包结构也具有更大的流向尺度。然而,实验中拍摄的粒子图像的流向长度仅为 56.6 mm,约为 0.8δ。这对于获取更高位置处平均的发卡涡涡包结构是远远不够的。

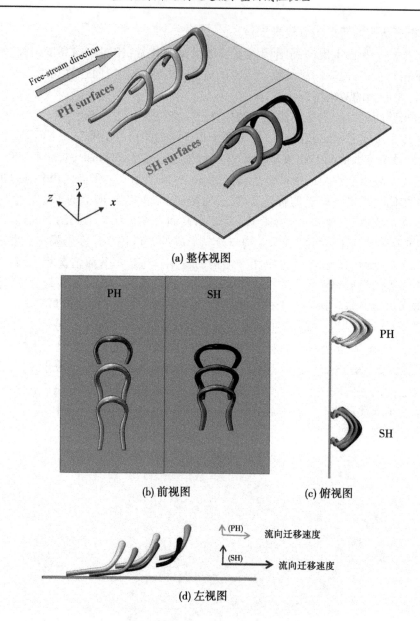

(a) 整体视图

(b) 前视图　　　　　(c) 俯视图

(d) 左视图

图 6-25　两种壁面情况下的发卡涡涡包结构模型

　　总而言之,从相干结构的角度分析超疏水壁面湍流减阻的机理如下:受超疏水壁面的影响,湍流边界层中产生的准流向涡及单个发卡涡结构在壁面上拥有更小的倾角,展向间距更大,运动强度较弱。形成发卡涡涡包结构的结构紧凑、流向和法向的尺度较小,运动强度也较弱。因此,这种更加有序的涡包结构产生了一个流向尺度较短、展向较宽的低速条带(低动量区)结构。尽管如此,整体结构在向下游的迁移运动却较快,包裹在涡包结构里的低速流体的平均流速也略大于亲水的情况。

　　此外,本章在数据分析方法进行了一些尝试:结合伽利略分解和雷诺分解用于显示涡结构;总结并提出了条件事件超尺寸结构拓扑平均算法;将流场互相关算法用于相干结构时空演化的相关研究。

　　本章工作展示了超疏水壁面上湍流边界层相干结构的变化,得到的一些定性结论与 DNS 的结果相一致,然而还存在一些局限性。与数值模拟研究微米尺度超疏水壁面槽道流不同,用 PIV 实验手段对滑移长度和滑移速度的非接触测量还是一项巨大的挑战。而接触性的测量手段(如热膜测速仪)可能会带来不可忽视的误差。因而在实验领域,这是一个共同的难题。因此,如何通过实验测量滑移速度和滑移长度仍然是超疏水壁面湍流减阻研究应该努力的方向。毫无疑问,超疏水壁面本身是研究超疏水壁面减阻的一个重要因素。然而,目前超疏水壁面的制备方法多种多样,得到的超疏水壁面的微观结构也是各式各样的。除滑移长度外,超疏水壁面的其他参数,例如,表面粗糙度、表面化学物质、气含率、接触角、主要滑移方向等,都会对减阻效果和减阻率产生一定的影响。因此,如何对各种不同超疏水壁面进行归一化处理或设定一种实验用标准表面结构用于超疏水湍流减阻实验是今后研究的方向。

第 7 章 总结与展望

本书以壁湍流相干结构为研究核心,研究内容包括真实三维发卡涡的结构特征、高低速条带流向间隔区域局部 3D － 3C 流场的流体动力学规律,并从相干结构的角度对超疏水壁面湍流减阻的减阻机理进行了重点研究。研究过程中对发卡涡、高低速条带、喷射和扫掠事件的空间结构分布特征、发展演化规律及其内在的流体动力学关系进行了系统的实验探索。

7.1 观 点

(1)通过对合成射流装置的适当控制,可以在边界层流场中产生较完美的人造发卡涡结构。Stereo － PIV 锁相实验测得的不同相位上的 2D － 3C 流场数据库,可以用以重构一个完整合成射流周期内产生的发卡涡三维结构。

通过对实验测得的三维发卡涡结构所在流场空间的分析(包括 Q 准则等值面显示的发卡涡结构、三个速度分量及三个涡量分量的空间拓扑形态以及相应切片流场),所得结果从实验的角度,验证了人们对发卡涡的认识,也发现了包括流展向平面上的一些新现象。

经归纳总结,典型发卡涡结构的基本特征如下:一是典型发卡涡结构是由展向涡头及两个反向旋转的涡腿组成的;二是同一发卡涡的涡腿之间存在的低速流体区域发生喷射事件,相邻发卡涡的两个涡腿或单个发卡涡涡腿外侧是高速流体区域发生扫掠事件;三是环境流体与发卡涡涡腿间的喷射流体间会产生一个倾斜的强剪切层,强剪切层上有流动滞止点存在;四是沿着流向的发卡涡涡包内部形成具有一定流向尺度的低速条带结构;五是由于发卡涡两个涡腿的反向旋转,涡腿结构靠近壁一侧的流体在展向上向涡腿间汇聚,而涡腿结构远离壁面一侧的流体在展向上向两侧流动,并且前者是主导运动。展向脉动速度体现两层分布的特性;六是发卡涡两个反向旋转的涡腿结构会在近壁区诱导产生两个运动相反的准流向涡结构或沿流向的强剪切区域。

这些基本特征的意义在于,根据已有流场(目标流场)的拓扑规律,反向推演局部流场应有的流动结构,进而阐述相关的流动机理。

(2)对湍流边界层高低速条带结构流向上间隔区域局部流场的拓扑分析是基于 Tomo － PIV 测得的湍流边界层瞬时 3D － 3C 速度矢量场数据库,流场雷诺数 $Re_\theta \approx 2\,460$。研究中用空间局部平均速度结构函数的思想处理原始流场,并采用条件采样方法提取条件事件局部流场,最后利用叠加平均的手段得到三维拓扑流场结构。通过对高低速流场间隔区域局部流场的拓扑结构研究发现:①喷射事件与低速流体密切相关,扫掠事件与高速流体密切相关。而且,在高低速条带的间隔区域,喷射事件与扫掠事件在流向上总是成对出现。②发现了展向脉动速度和流向涡量的空间拓扑形态呈现"四极子"式结构,法向涡量的空间拓扑形态呈现"六极子"式的结构。这些拓扑信息预示着在高低速条带流向上的间隔区域存在着三对反向旋转的发卡涡控制着该区域流体的动力学行为。

基于局部流场的拓扑结构信息,依据总结的典型发卡涡结构特征规律,本书研究中经反向推演并提出了高低速条带流向间隔区域的"三发卡涡"三维动力学模型。该三维模型很好地解释了该流场区域高低速条带,喷射/扫掠事件以及发卡涡三者之间的密切联系,起到了"纽带"作用。该动力学模型可以用来解释高低速条带在流向上间隔排列发生的物理机理。

(3)对超疏水壁面湍流减阻的研究是基于湍流边界层 $x-y$ 和 $x-z$ 平面上的 TR-2DPIV 实验。实验中,基于动量损失厚度的雷诺数 $Re_\theta \approx 1\,300$。

从湍流统计量的角度看:超疏水壁面情况下,近壁区域($y<0.1\delta$ 或者 $y^+<30$)的平均速度剖面明显高于亲水壁面情况,同时流向湍流度和雷诺应力也较弱。这些分析结果均是湍流减阻的明显特征。通过对比研究分析,实验得到了约 11% 的减阻率。在法向湍流度曲线 $y^+=20\sim60$ 的区域,存在一个反常的"鼓包",该区域的法向湍流度大于亲水壁面情况,这为 Min 和 Kim 及 Fukagata 等提出的"展向滑移增阻"理论提供了实验依据。

从相干结构的拓扑形态看:①在 $x-z$ 平面上,发卡涡的两个涡腿结构的展向间距较大,并且单个发卡涡结构在展向上拥有更大的倾角。伴随着法向位置的升高,条件平均后低速条带结构的长度逐渐超过亲水壁面的情况。同一法向平面上,低速条带的强度较亲水情况要弱一些。②在 $x-y$ 平面,超疏水壁面上单个发卡涡拥有更小的倾角。从整个发卡涡涡包的角度上看,其中每一个发卡涡都保留了较小的倾角,并且任意两个发卡涡之间的流向间距和法向间距也更短。总之,超疏水壁面上发卡涡涡包的结构拥有较小的尺度且"三发卡涡"结构更为紧凑,整体与流向的倾斜角度也较小。法向湍流度的分布说明超疏水壁面上近壁区域($y^+=20\sim60$)准流向涡的运动得到了加强。此外,超疏水壁面上的湍流度整体上看较小,说明相干结构的活动相对较弱。

从相干结构向下游的发展演化看:①超疏水壁面展向涡的运动轨迹基本高于亲水壁面情况;②亲水壁面近壁区展向涡结构的流向迁移速度为 $(0.5\sim0.6)U_\infty$,内尺度无量纲化后约为 $u_c/u_\tau=12$ 。而超疏水壁面近壁区展向涡结构的流向迁移速度为 $(0.7\sim0.8)U_\infty$,内尺度无量纲化后约为 $u_c/u_\tau=17$ 。此外,超疏水壁面上展向涡结构的法向迁移速度($v_c/U_\infty\approx0.05, u_c/u_\tau=1.2$)也明显大于亲水壁面的情况($v_c/U_\infty\approx0.025, u_c/u_\tau=0.5$)。也就是说,相同法向高度,超疏水壁面上展向涡量相对较弱,但展向涡结构向下游的流向迁移速度和法向迁移速度均明显大于亲水壁面情况,这也是明显的减阻特征。

基于相干结构的拓扑特征和发展演化规律,结合典型发卡涡结构的基本特征,本书建立了超疏水壁面上发卡涡生成模型和发卡涡涡包模型用以从相干结构的角度解释超疏水壁面湍流减阻机理:受超疏水壁面的影响,湍流边界层中产生的准流向涡及单个发卡涡结构在壁面上拥有更小的倾角,展向间距更大,运动强度较弱。形成的发卡涡涡包结构的结构紧凑、流向和法向的尺度较小,运动强度也较弱。因而,这种更加有序的涡包结构产生了一个流向尺度较短、展向较宽的低速条带(低动量区)结构。尽管如此,但整体结构在向下游的迁移运动却较快,包裹在涡包结构里的低速流体的平均流速也略大于亲水的情况。也正是因为超疏水壁面上相干结构的运动较弱,湍流统计量中的湍流度和雷诺应力分布也较小。这些共同构成了超疏水壁面湍流减阻的原因。

7.2　总　结

7.2.1　三维发卡涡结构的实验测量

本书运用合成射流装置在边界层流场中产生了规则的人造发卡涡结构。在此基础上,应用 Stereo – PIV 锁相实验技术,定量地测量了合成射流装置运行周期内 24 个相位上的 2D – 3C 速度场。速度场锁相平均后,按照相位时间序列重构出了合成射流装置在完整运动周期内形成的发卡涡结构。

实验得到的发卡涡结构较为完整、光顺,说明实验过程中合成射流装置运行平稳,对相位的控制也较为准确,整套实验装置可靠。通过对三维发卡涡形态特征和动力学行为的研究,总结了典型发卡涡的结构特征。实验中不仅得到了单个发卡涡的特征,更得到了理想状态下沿展向整齐排列的低速条带结构。

7.2.2　高低速条带结构流向上间隔排列的物理机理

真实湍流边界层内高低速条带结构在流向上总是间隔排列的,并不像多孔合成射流装置那样可以在边界层内产生展向上整齐排列的条带结构。本书对条带结构流向上间隔排列的产生机理进行了探索。

研究中利用湍流边界层 3D – 3C 流场数据库对高低速条带间隔区域局部流场进行提取分析,根据得到的流动结构特征,反推出局部流场特有的"三发卡涡"结构动力模型,并解释了高低速条带结构流向上间隔排列的物理机理。

7.2.3　数据处理方法

本书介绍了研究湍流相干结构拓扑分布规律中常用的流场处理方法,并总结了条件采样和平均方法,提出了条件事件超尺度拓扑平均流场的流场处理方法,用以研究条件事件在大尺度背景流场中的拓扑特征。将互相关运算应用到流场互相关的研究中,用以研究条件事件局部流场随时间的发展演化的拓扑规律。此外,本书分析了伽利略分解和欧拉分解的优缺点,将二者成功地结合后用于恰当地显示拓扑平均的涡结构。

7.2.4　超疏水壁面湍流减阻机理的动力学模型

超疏水壁面湍流减阻是被动湍流减阻方案中较新的课题。本书使用具有微纳二级尺度的超疏水壁面进行大尺度湍流边界层的 TR – 2D PIV 实验研究,并从相干结构的角度对条件事件进行检测、提取,完成了对低速条带、发卡涡涡腿结构、涡腿间距、发卡涡在展向上倾角、发卡涡沿流向倾角,发卡涡涡包特征及展向涡结构迁移运动规律的分析研究。在此基础上,结合典型发卡涡的结构特征,提出了超疏水壁面上相干结构的动力学模型。借助这一动力学模型,从相干结构的角度解释了超疏水壁面的湍流减阻机理。

7.3 展 望

(1)发卡涡结构是湍流相干结构的重要内容,对湍流边界层的发展演化起着非常重要的作用,发卡涡结构之间的排布规律、相互影响的作用机理,以及对周围流场的影响,对于深刻理解湍流具有重要意义。本书应用合成射流装置在边界层中产生了发卡涡结构,并可以通过 Stereo – PIV 技术定量地测量发卡涡的三维结构。因此,可以设计实验来探究两个或多个发卡涡结构在流场中的相互作用,用以了解诸如上游发卡涡对下游发卡涡的影响、展向上并排发卡涡的融合汇聚过程、不在同一法向高度处两个发卡涡的相互作用等问题。时至今日,这些问题依旧属于湍流复杂的非线性动力系统问题。研究这些问题,必然有利于从微观角度深刻地认识湍流。

(2)书中对湍流边界层内展向涡结构随时间发展演化规律进行了深入探索,尤其在近壁区域与已有的结论符合得较好。但是流向迁移速度和法向迁移速度随法向的分布规律并不具有收敛性,而且外区关于迁移速度的结果并不理想,因而需要从实验样本量和算法上继续改进,以期待得到更好的分布规律。因流场分辨率较高,所以流场的法向尺度较小,展向涡结构向下游运动的运动轨迹还没有出现“平台区域”。所谓的“平台区域”,是展向涡结构的流向迁移速度约等于自由来流速度即 $u_{\mathrm{c}} \approx U_{\infty}$,法向迁移速度约为零即 $u_{\mathrm{c}} \approx 0$ 的区域。后续工作会对相干结构的向下游的迁移演化规律继续展开研究。

(3)超疏水壁面湍流减阻效果随雷诺数的变化情况并没有得到确切的规律,可继续此方面的研究工作。目前超疏水壁面湍流减阻中应用的超疏水壁面仍然没有公认的办法进行标度,而滑移速度和滑移长度一般又无法通过实验手段获得准确的结果,因而除微纳加工的超疏水壁面外,一般不具有可重复性。希望随着实验手段或界面技术的持续发展可以解决这一问题。

参 考 文 献

［1］周恒, 张涵信. 号称经典物理留下的世纪难题"湍流问题"的实质是什么?［J］. 中国科学:物理学、力学、天文学, 2012, 42(1): 1-5.

［2］黄永念, 陈耀松. 对《号称经典物理留下的世纪难题"湍流问题"的实质是什么?》一文的讨论［J］. 中国科学:物理学、力学、天文学, 2012, 42(5): 445-447.

［3］Reynolds O. An experimental investigation of the circumstances which determine whether the motion of water shall be direct or sinuous, and of the law of resistance in parallel channels［J］. Proceedings of the royal society of London, 1883, 35(224-226): 84-99.

［4］Gad-el-Hak M. Flow control: Passive, active, and reactive flow management［M］. Cambridge University Press, 2007.

［5］Lee J H, Sung H J. Very-large-scale motions in a turbulent boundary layer［J］. Journal of Fluid Mechanics, 2011, 673: 80-120.

［6］Anderson Jr J D. Ludwig prandtl's boundary layer［J］. Physics Today, 2005, 58(12): 42-48.

［7］Marusic I, Adrian R J. The eddies and scales of wall turbulence［M］// in Ten chapters in turbulence. Cambridge University Press, 2010.

［8］许春晓. 壁湍流相干结构和减阻控制机理［J］. 力学进展, 2015, 45(1): 111-140.

［9］Falco R. Coherent motions in the outer region of turbulent boundary layers［J］. The Physics of Fluids, 1977, 20(10): 124-132.

［10］Alfonsi G. Coherent structures of turbulence: Methods of education and results［J］. Applied Mechanics Reviews, 2006, 59(1-6): 307-323.

［11］Pope S. Turbulent flows［M］. Cambridge University Press, 2000.

［12］Tropea C, Yarin A L, Foss J F. Springer handbook of experimental fluid mechanics［M］. Springer Science & Business Media, 2007.

［13］Robinson S K. Coherent motions in the turbulent boundary layer［J］. Annual Review of Fluid Mechanics, 1991, 23(1): 601-639.

［14］Smits A J, McKeon B J, Marusic I. High – reynolds number wall turbulence［J］. Annual Review of Fluid Mechanics, 2011, 43: 353-375.

［15］Adrian R J. Hairpin vortex organization in wall turbulence［J］. Physics of Fluids, 2007, 19(4): 041301.

［16］Kline S, Reynolds W, Schraub F, et al. The structure of turbulent boundary layers［J］. Journal of Fluid Mechanics, 1967, 30(4): 741-773.

［17］Kim H, Kline S, Reynolds W. The production of turbulence near a smooth wall in a turbulent boundary layer［J］. Journal of Fluid Mechanics, 1971, 50(1): 133-160.

［18］Kim J, Moin P, Moser R. Turbulence statistics in fully developed channel flow at low reynolds number［J］. Journal of Fluid Mechanics, 1987, 177: 133-166.

［19］Jeong J, Hussain F, Schoppa W, et al. Coherent structures near the wall in a turbulent channel flow［J］. Journal of Fluid Mechanics, 1997, 332: 185-214.

［20］Jiménez J, Pinelli A. The autonomous cycle of near-wall turbulence［J］. Journal of Fluid Mechanics,

1999, 389: 335-359.

[21] Schoppa W, Hussain F. Coherent structure generation in near-wall turbulence [J]. Journal of Fluid Mechanics, 2002, 453: 57-108.

[22] Waleffe F. On a self-sustaining process in shear flows [J]. Physics of Fluids, 1997, 9(4): 883-900.

[23] Hamilton J M, Kim J, Waleffe F. Regeneration mechanisms of near-wall turbulence structures [J]. Journal of Fluid Mechanics, 1995, 287: 317-348.

[24] Theodorsen T. Mechanism of turbulence[C] // Proceedings of the Second Midwestern Conference on Fluid Mechanics. Ohio State University, 1952.

[25] Adrian R J, Meinhart C D, Tomkins C D. Vortex organization in the outer region of the turbulent boundary layer [J]. Journal of Fluid Mechanics, 2000, 422: 1-54.

[26] Christensen K, Adrian R J. Statistical evidence of hairpin vortex packets in wall turbulence [J]. Journal of Fluid Mechanics, 2001, 431: 433-443.

[27] Tomkins C D, Adrian R J. Spanwise structure and scale growth in turbulent boundary layers [J]. Journal of Fluid Mechanics, 2003, 490: 37-74.

[28] Christensen K T, Adrian R J. Statistical evidence of hairpin vortex packets in wall turbulence [J]. Journal of Fluid Mechanics, 2001, 431: 433-443.

[29] Dennis D J C, Nickels T B. Experimental measurement of large-scale three-dimensional structures in a turbulent boundary layer. Part 2. Long structures [J]. Journal of Fluid Mechanics, 2011, 673: 218-244.

[30] Bernard P S, Thomas J M, Handler R A. Vortex dynamics and the production of reynolds stress [J]. Journal of Fluid Mechanics, 1993, 253: 385-419.

[31] Brooke J W, Hanratty T. Origin of turbulence-producing eddies in a channel flow [J]. Physics of Fluids A: Fluid Dynamics, 1993, 5(4): 1011-1022.

[32] Zhou J, Adrian R J, Balachandar S, et al. Mechanisms for generating coherent packets of hairpin vortices in channel flow [J]. Journal of Fluid Mechanics, 1999, 387: 353-396.

[33] Smith C, Walker J. Turbulent wall-layer vortices [J]. Fluid Vortices, 1995, 30: 235.

[34] Wang G, Bo T, Zhang J, et al. Transition region where the large-scale and very large scale motions coexist in atmospheric surface layer: Wind tunnel investigation [J]. Journal of Turbulence, 2014, 15(3): 172-185.

[35] Küchemann D. Report on the iutam symposium on concentrated vortex motions in fluids [J]. Journal of Fluid Mechanics, 1965, 21(1): 1-20.

[36] Kline S, Robinson S. Quasi-coherent structures in the turbulent boundary layer. I-status report on a community-wide summary of the data [J]. Near-Wall Turbulence, 1990: 200-217.

[37] Hunt J C, Wray A A, Moin P. Eddies, streams, and convergence zones in turbulent flows [J]. 1988.

[38] Chong M S, Perry A E, Cantwell B J. A general classification of three-dimensional flow fields [J]. Physics of Fluids A: Fluid Dynamics, 1990, 2(5): 765-777.

[39] Jeong J, Hussain F. On the identification of a vortex [J]. Journal of Fluid Mechanics, 1995, 285: 69-94.

[40] Metcalfe R W, Hussain A, Menon S, et al. Coherent structures in a turbulent mixing layer: A comparison between direct numerical simulations and experiments [M] // Turbulent shear flows 5. 1987, 4:110-123.

[41] Adrian R J, Christensen K T, Liu Z C. Analysis and interpretation of instantaneous turbulent velocity

fields [J]. Experiments in Fluids, 2000, 29(3): 275-290.

[42] Liepmann H W. The rise and fall of ideas in turbulence: Research in turbulence, still the most difficult problem of fluid mechanics, continues to produce technological advances, but the path of progress is anything but straight [J]. American Scientist, 1979, 67(2): 221-228.

[43] Sasamori M, Mamori H, Iwamoto K, et al. Experimental study on drag-reduction effect due to sinusoidal riblets in turbulent channel flow [J]. Experiments in Fluids, 2014, 55(10): 1828.

[44] Gatti D, Quadrio M. Reynolds-number dependence of turbulent skin-friction drag reduction induced by spanwise forcing [J]. Journal of Fluid Mechanics, 2016, 802: 553-582.

[45] Song D, Daniello R J, Rothstein J P. Drag reduction using superhydrophobic sanded teflon surfaces [J]. Experiments in Fluids, 2014, 55(8): 1783.

[46] Guan X L, Yao S Y, Jiang N. A study on coherent structures and drag-reduction in the wall turbulence with polymer additives by TRPIV [J]. Acta Mechanica Sinica, 2013, 29(4): 485-493.

[47] 管新蕾, 王维, 姜楠. 高聚物减阻溶液对壁湍流输运过程的影响 [J]. 物理学报, 2015, 64(9): 94703-094703.

[48] Amitay M, Smith D R, Kibens V, et al. Aerodynamic flow control over an unconventional airfoil using synthetic jet actuators [J]. AIAA journal, 2001, 39(3): 361-370.

[49] Zhang S, Zhong S. Experimental investigation of flow separation control using an array of synthetic jets [J]. AIAA journal, 2010, 48(3): 611-623.

[50] Choi K S, Jukes T N, Whalley R D, et al. Plasma virtual actuators for flow control [J]. Journal of Flow Control, Measurement & Visualization, 2014, 3(1): 22.

[51] Feng L H, Choi K S, Wang J J. Flow control over an airfoil using virtual gurney flaps [J]. Journal of Fluid Mechanics, 2015, 767: 595-626.

[52] Huang L, Choi K, Fan B, et al. Drag reduction in turbulent channel flow using bidirectional wavy lorentz force [J]. Science China Physics, Mechanics & Astronomy, 2014, 57(11): 2133-2140.

[53] Wagner P, Furstner R, Barthlott W, et al. Quantitative assessment to the structural basis of water repellency in natural and technical surfaces [J]. Journal of Experimental Botany, 2003, 54(385): 1295-1303.

[54] Seol M L, Woo J H, Lee D I, et al. Natur-replicated nano-in-micro structures for triboelectric energy harvesting [J]. Small, 2014, 10(19): 3887-3894.

[55] Young T. The bakerian lecture: Experiments and calculations relative to physical optics [J]. Philosophical transactions of the Royal Society of London, 1804, 94: 1-16.

[56] Gao L, McCarthy T J. Contact angle hysteresis explained [J]. Langmuir, 2006, 22(14): 6234-6237.

[57] Wenzel R N. Surface roughness and contact angle [J]. The Journal of Physical Chemistry, 1949, 53(9): 1466-1467.

[58] Cassie A. Contact angles [J]. Discussions of the Faraday Society, 1948, 3: 11-16.

[59] Ou J, Rothstein J P. Direct velocity measurements of the flow past drag-reducing ultrahydrophobic surfaces[J]. Physics of Fluids, 2005, 17(10).

[60] Bhushan B, Jung Y C, Koch K. Micro-, nano-and hierarchical structures for superhydrophobicity, self-cleaning and low adhesion [J]. Philosophical Transactions of the Royal Society a-Mathematical Physical and Engineering Sciences, 2009, 367(1894): 1631-1672.

[61] Bhushan B, Jung Y C. Natural and biomimetic artificial surfaces for superhydrophobicity, self-cleaning, low adhesion, and drag reduction [J]. Progress in Materials Science, 2011, 56(1): 1-108.

[62] Bhushan B, Jung Y C. Micro-and nanoscale characterization of hydrophobic and hydrophilic leaf surfaces [J]. Nanotechnology, 2006, 17(11): 2758-2772.

[63] Bhushan B, Jung Y C, Niemietz A, et al. Lotus-like biomimetic hierarchical structures developed by the self-assembly of tubular plant waxes [J]. Langmuir, 2009, 25(3): 1659-1666.

[64] Navier C. Mémoire sur les lois du mouvement des fluides [J]. Mémoriesde l'Académie Royale des Sciences de l'Institut de FranceMem, 1823, 6(1823): 389-416.

[65] 田军, 徐锦芬, 薛群基. 低表面能涂层的减阻试验研究 [J]. 水动力学研究与进展:A 辑, 1997 (1): 27-32.

[66] Watanabe K, Udagawa Y, Udagawa H. Drag reduction of newtonian fluid in a circular pipe with a highly water-repellent wall [J]. Journal of Fluid Mechanics, 1999, 381: 225-238.

[67] 余永生, 魏庆鼎. 疏水性材料减阻特性实验研究 [J]. 实验流体力学, 2005, 19(2): 60-66.

[68] Lee C, Kim C J C. Maximizing the giant liquid slip on superhydrophobic microstructures by nanostructuring their sidewalls [J]. Langmuir, 2009, 25(21): 12812-12818.

[69] Fukagata K, Kasagi N, Koumoutsakos P. A theoretical prediction of friction drag reduction in turbulent flow by superhydrophobic surfaces [J]. Physics of Fluids, 2006, 18(5).

[70] Min T, Kim J. Effects of hydrophobic surface on skin-friction drag [J]. Physics of Fluids, 2004, 16 (7): 55-58.

[71] Martell M B, Perot J B, Rothstein J P. Direct numerical simulations of turbulent flows over superhydrophobic surfaces [J]. Journal of Fluid Mechanics, 2009, 620: 31-41.

[72] Daniello R J, Waterhouse N E, Rothstein J P. Drag reduction in turbulent flows over superhydrophobic surfaces [J]. Physics of Fluids, 2009, 21(8).

[73] Woolford B, Prince J, Maynes D, et al. Particle image velocimetry characterization of turbulent channel flow with rib patterned superhydrophobic walls [J]. Physics of Fluids, 2009, 21(8): 085106.

[74] Henoch C, Krupenkin T, Kolodner P, et al. Turbulent drag reduction using superhydrophobic surfaces [C]. Proceedings of the 3rd AIAA Flow Control Conference, 2006.

[75] Aljallis E, Sarshar M A, Datla R, et al. Experimental study of skin friction drag reduction on superhydrophobic flat plates in high reynolds number boundary layer flow [J]. Physics of Fluids, 2013, 25(2): 025103.

[76] Krueger P S, Gharib M. The significance of vortex ring formation to the impulse and thrust of a starting jet [J]. Physics of Fluids, 2003, 15(5): 1271-1281.

[77] Adrian R J. Particle-imaging techniques for experimental fluid mechanics [J]. Annual Review of Fluid Mechanics, 1991, 23(1): 261-304.

[78] Adrian R J. Twenty years of particle image velocimetry [J]. Experiments in Fluids, 2005, 39(2): 159-169.

[79] Raffel M, Willert C E, Kompenhans J. Particle image velocimetry: A practical guide [M]. Springer Science & Business Media, 2013.

[80] Keane R D, Adrian R J. Theory of cross-correlation analysis of piv images [J]. Applied scientific research, 1992, 49(3): 191-215.

[81] Brossard C, Monnier J, Barricau P, et al. Principles and applications of particle image velocimetry [J]. AerospaceLab, 2009(1): 1-11.

[82] 舒玮. 湍流中散射粒子的跟随性 [J]. 天津大学学报, 1979, 1: 75-83.

[83] Wieneke B. Stereo-piv using self-calibration on particle images [J]. Experiments in Fluids, 2005, 39

（2）：267-280.

[84] Prasad A K. Stereoscopic particle image velocimetry［J］. Experiments in Fluids, 2000, 29（2）：103-116.

[85] Elsinga G E, Scarano F, Wieneke B, et al. Tomographic particle image velocimetry［J］. Experiments in Fluids, 2006, 41（6）：933-947.

[86] 包全. 层析粒子图像测速技术几个关键问题研究及湍流边界层 Tomo－TRPIV 测量［D］. 天津大学, 2014.

[87] Herman G T, Lent A. Iterative reconstruction algorithms［J］. Computers in biology and medicine, 1976, 6（4）：273-294.

[88] Head M, Bandyopadhyay P. New aspects of turbulent boundary-layer structure［J］. Journal of Fluid Mechanics, 1981, 107：297-338.

[89] Moin P, Kim J. The structure of the vorticity field in turbulent channel flow. Part 1. Analysis of instantaneous fields and statistical correlations［J］. Journal of Fluid Mechanics, 1985, 155：441-464.

[90] Acarlar M, Smith C. A study of hairpin vortices in a laminar boundary layer. Part 1. Hairpin vortices generated by a hemisphere protuberance［J］. Journal of Fluid Mechanics, 1987, 175：1-41.

[91] Wu X, Moin P. Direct numerical simulation of turbulence in a nominally zero-pressure-gradient flat-plate boundary layer［J］. Journal of Fluid Mechanics, 2009, 630：5-41.

[92] Haidari A, Smith C. The generation and regeneration of single hairpin vortices［J］. Journal of Fluid Mechanics, 1994, 277：135-162.

[93] Acarlar M, Smith C. A study of hairpin vortices in a laminar boundary layer. Part 2. Hairpin vortices generated by fluid injection［J］. Journal of Fluid Mechanics, 1987, 175：43-83.

[94] 王晋军, 丁海河. 光滑圆盘上小半球对边界层发展影响的实验研究［J］. 实验流体力学, 2005, 19（4）：1-9.

[95] Tang Z, Jiang N. Dynamic mode decomposition of hairpin vortices generated by a hemisphere protuberance［J］. Science China Physics, Mechanics & Astronomy, 2012, 55（1）：118-124.

[96] Suponitsky V, Cohen J, Bar-Yoseph P Z. The generation of streaks and hairpin vortices from a localized vortex disturbance embedded in unbounded uniform shear flow［J］. Journal of Fluid Mechanics, 2005, 535：65-100.

[97] Chaudhry I A, Zhong S. A single circular synthetic jet issued into turbulent boundary layer［J］. Journal of Visualization, 2014, 17（2）：101-111.

[98] Taylor G I. The spectrum of turbulence［C］. Proceedings of the Royal Society of London A：Mathematical, Physical and Engineering Sciences, The Royal Society, 1938.

[99] Alfonsi G. Coherent structures of turbulence：Methods of eduction and results［J］. Applied Mechanics Reviews, 2006, 59（6）：307-323.

[100] Tang Z Q, Jiang N, Schröder A, et al. Tomographic piv investigation of coherent structures in a turbulent boundary layer flow［J］. Acta Mechanica Sinica, 2012, 28（3）：572-582.

[101] Schroeder A, Geisler R, Staack K, et al. Eulerian and lagrangian views of a turbulent boundary layer flow using time-resolved tomographic piv［J］. Experiments in Fluids, 2011, 50（4）：1071-1091.

[102] Blackwelder R, Kaplan R. On the wall structure of the turbulent boundary layer［J］. Journal of Fluid Mechanics, 1976, 76（01）：89-112.

[103] Willmarth W, Lu S. Structure of the reynolds stress near the wall［J］. Journal of Fluid Mechanics, 1972, 55（01）：65-92.

[104] Farge M, Schneider K. Coherent vortex simulation (cvs), a semi-deterministic turbulence model using wavelets [J]. Flow, Turbulence and Combustion, 2001, 66(4): 393-426.

[105] Adrian R J. Stochastic estimation of conditional structure: A review [J]. Applied scientific research, 1994, 53(3): 291-303.

[106] Liu J H, Jiang N, Wang Z D, et al. Multi-scale coherent structures in turbulent boundary layer detected by locally averaged velocity structure functions [J]. Applied Mathematics and Mechanics-English Edition, 2005, 26(4): 495-504.

[107] Yang S, Jiang N. Tomographic tr-piv measurement of coherent structure spatial topology utilizing an improved quadrant splitting method [J]. Science China-Physics Mechanics & Astronomy, 2012, 55(10): 1863-1872.

[108] Huang Y, Schmitt F G, Lu Z, et al. Second-order structure function in fully developed turbulence [J]. Physical Review E, 2010, 82(2): 026319.

[109] Liu W, Jiang N. Three kinds of velocity structure function in turbulent flows [J]. Chinese Physics Letters, 2004, 21(10): 1989-1992.

[110] Tang Z Q, Jiang N. Tr piv experimental investigation on bypass transition induced by a cylinder wake [J]. Chinese Physics Letters, 2011, 28(5).

[111] Pei J, Chen J, She Z S, et al. Model for propagation speed in turbulent channel flows [J]. Physical Review E, 2012, 86(4).

[112] 张伟, 葛耀君, 杨詠昕. 粒子图像测速技术互相关算法研究进展 [J]. 力学进展, 2007, 37(3): 443-452.

[113] 张仔鸿, 杨红雨. 利用互相关方法识别图片内容 [J]. 微计算机信息, 2009, 25(31): 169-170.

[114] 樊星, 姜楠. 用平均速度剖面法测量壁湍流摩擦阻力 [J]. 力学与实践, 2005, 27(1): 28-30.

[115] George W K. Is there a universal log law for turbulent wall-bounded flows? [J]. Philosophical Transactions of the Royal Society a-Mathematical Physical and Engineering Sciences, 2007, 365(1852): 789-806.

[116] Kendall A, Koochesfahani M. A method for estimating wall friction in turbulent wall-bounded flows [J]. Experiments in Fluids, 2008, 44(5): 773-780.

[117] Shen J, Pan C, Wang J. Accurate measurement of wall skin friction by single-pixel ensemble correlation [J]. Science China-Physics Mechanics & Astronomy, 2014, 57(7): 1352-1362.

[118] Rodríguez-López E, Bruce P J, Buxton O R. A robust post-processing method to determine skin friction in turbulent boundary layers from the velocity profile [J]. Experiments in Fluids, 2015, 56(4): 68.

[119] Spalding D. A new analytical expression for the drag of a flat plate valid for both the turbulent and laminar regimes [J]. International Journal of Heat and Mass Transfer, 1962, 5(12): 1133-1138.

[120] Choi H, Moin P, Kim J. Direct numerical simulation of turbulent flow over riblets [J]. Journal of Fluid Mechanics, 1993, 255: 503-539.

[121] Choi H, Moin P, Kim J. Active turbulence control for drag reduction in wall-bounded flows [J]. Journal of Fluid Mechanics, 1994, 262: 75-110.

[122] Jelly T O, Jung S Y, Zaki T A. Turbulence and skin friction modification in channel flow with streamwise-aligned superhydrophobic surface texture [J]. Physics of Fluids, 2014, 26(9): 095102.

[123] Haibao H, Peng D, Feng Z, et al. Effect of hydrophobicity on turbulent boundary layer under water [J]. Experimental Thermal and Fluid Science, 2015, 60: 148-156.

[124] Smith C R, Walker J, Haidari A, et al. On the dynamics of near-wall turbulence [J]. Philosophical

Transactions of the Royal Society of London A: Mathematical, Physical and Engineering Sciences, 1991, 336(1641): 131-175.

[125] Smith C, Schwartz S. Observation of streamwise rotation in the near-wall region of a turbulent boundary layer [J]. The Physics of Fluids, 1983, 26(3): 641-652.

[126] Kim J, Hussain F. Propagation velocity of perturbations in turbulent channel flow [J]. Physics of Fluids A: Fluid Dynamics, 1993, 5(3): 695-706.

[127] Hu H, Du P, Zhou F, et al. Effect of hydrophobicity on turbulent boundary layer under water [J]. Experimental Thermal and Fluid Science, 2015, 60: 148-156.

[128] Tian H P, Zhang J X, Jiang N, et al. Effect of hierarchical structured superhydrophobic surfaces on coherent structures in turbulent channel flow [J]. Experimental Thermal and Fluid Science, 2015, 69: 27-37.

[129] Tian H P, Jiang N, Huang Y X, et al. Study on local topology model of low/high streak structures in wall-bounded turbulence by Tomographic Time-Resolved Particle Image Velocimetry [J]. Applied Mathematics and Mechanics (English Edition), 2015, 36(8): 1-10.

[130] Zhang J X, Tian H P, Yao Z H, et al. Evolutions of hairpin vortexes over a superhydrophobic surface in turbulent boundary layer flow [J]. Physics of Fluids, 2016, 28:095106.

[131] Zhang J X, Tian H P, Yao Z H, et al. Mechanisms of drag reduction of superhydrophobic surfaces in a turbulent boundary layer flow [J]. Experiments in Fluids, 2015, 56: 179.